AF642968

Sigrid Tinz

Nahrungsnetze für Artenvielfalt

Gedruckt auf **100%** Recyclingpapier

Sigrid Tinz

Nahrungsnetze für Artenvielfalt

Ein Buch vom Fressen und Gefressenwerden

pala verlag

Inhalt

Der Sperber und das Rotkehlchen

Füttern Sie Ihre Gartenvögel? Ich nicht. Mein Garten ist voller alter Blütenstände und deren Samen, reich an Hagebutten und Holunderbeeren, Regenwürmern und Asseln, Schmetterlingsraupen und anderen Krabbel- und Kriechtieren. Damit kommen die gefiederten Mitbewohner in der Regel gut übers Jahr und auch durch den Winter.

Im letzten Jahr fiel allerdings so viel Schnee wie noch nie und wir waren eingeschneit. Für mich und meine vier Kinder, die im Homeschooling unterrichtet wurden, eine willkommene Abwechslung im Corona-Lockdown. Für die Vögel echter Stress. Deshalb habe ich es doch getan: sie gefüttert, Vogeltorten zusammengerührt, Knödel geknetet, Nüsse und Äpfel aufgefädelt und mit all dem den Garten bestückt. Sie sind ja irgendwie »meine« Tiere. Der Specht, der so oft am alten Apfelbaum pickt und sich jetzt mit den Meisen um die Körner zankte. Die freche Spatzenschar, das zutrauliche Rotkehlchen, die knuddelige Singdrossel, die Amselfamilie, ein paar Tauben und die Kohl- und Blaumeisen. Ihr Treiben zu beobachten, war eine wundervolle Abwechslung.

So waren wir live dabei, als ein brauner Pfeil vom Himmel schoss, mitten hinein in die Idylle im Schnee. Heftiges Flattern, die Federn stoben auseinander. Es wird ein Sperber gewesen sein, dieser Überraschungsangriff passt zu dem kleinen Greifvogel mit den leuchtend gelben Augen. Davor und danach haben wir ihn nie wieder gesehen, auch das ist seine Art. An derselben Stelle mehrfach zu jagen, bringt ihm nicht viel, denn die kleinen Vögelchen sind doch erstmal vorsichtig und auf der Hut.

Am nächsten Morgen waren die meisten allerdings wieder da. Nur das Rotkehlchen fehlte. Fressen und gefressen werden, so ist das in der Natur. Und darum geht es in diesem Buch. Oder besser: Darum, warum

»Fressen und gefressen werden« in Wahrheit eigentlich »Leben und leben lassen« heißt.

Um eins geht es aber nicht in diesem Buch: Ums Fressen *oder* Gefressenwerden oder eine ähnlich falsche Interpretation dessen, was Charles Darwin als Kampf ums Dasein erforscht und beschrieben hat. Der Kampf als Selbstzweck des Lebens, in dem die Starken die Schwachen besiegen – müssten. Wer nicht selbst zuschlage oder schnell, schlau, gut genug – fit genug – sei, würde selbst gefressen. So wolle es die Natur. Aber das ist falsch.

Auch wenn ich es als Teilzeit-Veganerin lieber hätte, alle Welt würde sich von Nüssen, Früchten und Blättchen ernähren – so ist es eben nicht. Und vor allem, so wie alles mit allem zusammenhängt, ist es sehr

Was Darwin gemeint haben könnte

»Struggle for existence« und *»Survival oft the fittest«*, so heißen die bekannten Schlagworte aus den Schriften des Wissenschaftlers Charles Darwin im Original. Übersetzt bei uns als »Kampf ums Dasein« und »Überleben des Angepasstesten«, oft interpretiert als »Nur der Stärkste überlebt«, und auch in die Alltagswelt übernommen als Überlebenskampf »Jeder gegen jeden«, »Alle gegen alle«, »Art gegen Art«, »Mann gegen Mann«. Darwins Forschung auf diesen falsch verstandenen Darwinismus zu beschränken, der wie der Satz des Pythagoras oder unregelmäßige Verben in den Schulen gelernt wird und in unseren Köpfen steckt, ist irreführend. Mag daraus das Menschenbild zu Darwins Zeiten sprechen, er lebte und forschte im 18. Jahrhundert, oder ein deutscher Übersetzungsfehler, egal. Man könnte es auch genauso »Ringen um die Existenz« nennen und die »Anstrengung, zu leben«. Nicht als Recht des Stärkeren, sondern als Antrieb, sich zu entwickeln. Nicht um andere zu besiegen, sondern um besser in die ökologische Nische zu passen. In der Natur gibt es ja nicht immerzu Rivalität, sondern vielfach ein Geben und Nehmen innerhalb einer Art, eines Sozialverbandes und auch zwischen Arten: Kooperation, Konflikte aushalten und Kompromisse eingehen. KKK statt Kampf ums Dasein.

wahrscheinlich, dass es gar keine Nüsse und Früchte gäbe und auch keine Rotkehlchen und Spatzen, wenn es nicht auch die Sperber und Marder gäbe, mit ihren scharfen Klauen und Augen. Wenn alle seit Anbeginn des Lebens nur friedlich nebeneinander koexistiert und von Luft und Liebe gelebt hätten, wäre es nicht notwendig gewesen, etwas zu verändern. Wenn es knappe Ressourcen zu verteilen gibt, muss man sich etwas einfallen lassen. Kämpfen zum Beispiel, dafür braucht man spezielle Körperteile oder Chemie. Oder man muss den Ort wechseln, woanders gibt es vielleicht auch etwas vom Begehrten und Benötigten. Dafür braucht man Muskeln, Flügel, Füße, Orientierungssinne. Oder man probiert etwas anderes, wovon man leben kann, aus.

So oder so, die Lebewesen müssen jagen, rennen, fliegen, denken, verstecken, angreifen, verteidigen, täuschen, handeln und kooperieren, um an Fressen zu kommen und Nachwuchs zu produzieren – und um zu vermeiden, gefressen zu werden, bevor sie sich reproduziert haben. Schmetterlinge, lange Millionen Jahre nur als Nachtfalter unterwegs, mussten sich etwas einfallen lassen, als Fledermäuse anfingen, in der abendlichen Dunkelheit Jagd auf sie zu machen. Möglicherweise um dem Jagddruck durch Greifvögel auszuweichen, wurden die zunächst tagaktiven Fledermäuse dank ihres Echo-Ortungssystems schnell zu den Jagdkönigen der Nacht. Ein kleiner Teil der Falterarten verlagerte sich deswegen auf Aktivitäten im Sonnenlicht; auch weil tagsüber fast noch mehr blühende Nahrung zu finden war. Wer Nachtfalter blieb, stimmte das Gehörsystem haarfein auf die Sonargeräusche der Fledermäuse ab. Manche Arten hören gleichsam mit den Flügeln, sodass sie sofort die richtigen Fluchtbewegungen machen können.

Oder: Gräser lagern Kieselsäuren und andere unverdauliche Stoffe ein, um sich vor Pflanzenfressern zu schützen. Diese entwickeln dicke Kiefermuskeln, riesige Mahlzähne und ein fein ausgetüfteltes Verdauungssystem, um doch an die leckeren Inhaltstoffe im Grün zu kommen. Robben fressen sich Speck an und verziehen sich, davon warm eingepackt, ins ewige Eis. Ihre Verfolger werden vom Bären zum Eisbären und fressen sich an den fetten Robben satt.

Genau diese Anpassungsmechanismen haben all die Vielfalt hervorgebracht, die unseren Planeten so wundervoll macht. Die Artenvielfalt, um die es hier in diesem Buch geht, die Biodiversität.

Biodiversität erzeugt durch die Mannigfaltigkeit aber kein Lebensdurcheinander, wie man es vielleicht vermuten könnte, sondern ein fein aufeinander abgestimmtes System, in dem es auf jede Art, jedes Individuum und manchmal auf Tage und Minuten in deren Lebenszeit ankommt. So wie jedes Wesen seine ökologische Nische hat, hat jeder Vorgang sein ökologisches Zeitfenster. Dass uns diese Fülle des Lebens oft wie ein wuseliges Gewimmel vorkommt, liegt daran, dass wir die Gesetzmäßigkeit noch nicht durchschauen und die Logik dahinter erst nach und nach erforscht wird. Mit dem, was man heute schon weiß, möchte ich Sie im nächsten Kapitel gerne bekannt machen. Danach können wir uns ganz praktisch dem lebendigen Treiben in den Nahrungsnetzen rund um uns herum widmen. Was genau ich mit diesen Nahrungsnetzen meine, erfahren Sie ab Seite 21, und auch wie sie mit der Biodiversität zusammenhängen.

Denn jeder kleine Teil der Erde – eine Handvoll Gartenboden, unser Blumenbeet, die Wiese hinterm Haus genauso wie der Wald oder das Naturschutzgebiet – ist ein Lebensraum. Ein Raum des Lebens und ein Schauplatz des Fressens und Gefressenwerdens.

Natürlich will ich Ihnen nicht nur zeigen, was es alles zu sehen gibt, sondern auch, wer alles in Gefahr ist. Und wie sie vielleicht zu bewahren sind. Gemeint sind wirklich alles und alle. Nicht nur Eichhörnchen und Wildbienen, Eichen und Orchideen, Wale und Eisbären. Auch wer uns Menschen lästig ist, Angst macht oder einfach nur egal ist, wie Blattläuse und Asseln, Nadelholzmarkröhrenrüssler und Borkenkäfer, Brennnesseln und Löwenzahn oder Schimmelpilze. Denn ohne Blattläuse bekommt kein Vogelpaar die Küken satt, ohne Springschwänze und Asseln entsteht kein Humus, ohne fruchtbaren Boden gibt es keine Blüten für die Bienen. Und ohne Alles-, Abfall- und Aasfresser blieben ganz schön viele Reste liegen. Auch die Rotkehlchenfedern aus unserem Garten sind irgendwann weg, zurück im Kreislauf der Natur.

Wölfe fressen Blumen – und Blumen Wölfe

Einer meiner Professoren an der Uni schimpfte regelmäßig mit mir: »Sie wollen Wissenschaftlerin werden! Sie können nicht immer alles so formulieren, dass es auch Klein-Hänschen und Lieschen Müller verstehen.« Bin ich halt keine Wissenschaftlerin geworden, sondern Buchautorin, und deshalb erzähle ich Ihnen jetzt zwar eine Geschichte, in der Begriffe wie Nahrungsketten und Räuber-Beute-Theorien, Trophiestufen und Fotosynthese vorkommen. Aber in der ich nicht versuche, so viele Fachbegriffe wie möglich zu benutzen. Es sind nur so wenig wie nötig, um die Zusammenhänge zu erklären.

Die Geschichte handelt zunächst von einem kleinen Gänseblümchen, wie es mitten auf der Wiese und fast rund ums Jahr überall wächst. Im direkten Sinne frisst es natürlich nichts, schon gar keine Wölfe. Blumen ernähren sich von Sonnenlicht und von Wasser, das von allen Seiten kommt, daraus stellen sie Energie her, das nennt man Fotosynthese. So können sie wachsen, Stängel, Wurzeln, Blüten und Blätter bilden. Sie produzieren Biomasse, Futter für andere Arten – weshalb Pflanzen auch »Produzenten« genannt werden.

Blumen sind aber nun kein passendes Fressen für Wölfe. Blumen sind Nahrung für Bienen, Käfer, Schmetterlingsraupen. Diese essen die Pollen, trinken den Nektar, knabbern an den Blättern. Sie konsumieren einen Teil von dem, was die Pflanzen produziert haben. Auch Hasen und Rehe fressen an dem Grün und den Blüten. Ganz schön viel übrigens, zwei bis vier Kilogramm Grünzeug am Tag konsumiert ein durchschnittliches Reh: ausgewählte Knospen, Triebe und Blätter, mit dem feinen Mäulchen säuberlich abgeknabbert. Deshalb heißen solche Pflanzenfresser auch »Konsumenten«. Aber auch sie produzieren

Ausnahmen von der Regel

Fleischfressende Pflanzen – wie passt das denn jetzt zusammen? Gut. Und es zeigt, dass die Natur ein Wunderwerk ist und sich nicht immer in von Menschen gezimmerte Schubladen stecken lässt. In Gebieten, in denen es an Nährstoffen mangelt, im Moor zum Beispiel, ist der saure pH-Wert dafür verantwortlich, dass sich nicht viel Humus bildet. Aus dem Boden sind deshalb wenig Nährstoffe für die Wurzeln zu holen. Manche Pflanzen dort haben eine Methode entwickelt, die Nährstoffversorgung und Destruententätigkeit nicht outzusourcen, sondern selbst zu erledigen. Vielleicht ist es auch einfach mit der Zeit so passiert: In manchen großen Blütenkelchen sammelt sich Wasser und darin ertrinken Insekten. Bakterien zersetzen diese und die so entstandene Flüssigkeit tropft dann irgendwann von den Blättern zu Boden. Wie Flüssigdünger, voller Phosphor oder Stickstoff. Die Pflanze hat so einen Wachstumsvorteil. Pflanzen, auf denen die Insekten leicht kleben bleiben, sind noch mehr im Vorteil. Und wer dann auf den Blättern auch noch selbst eine zersetzende Flüssigkeit produziert, muss gar nicht auf die Bakterien warten. So könnten Sonnentau und Venusfliegenfalle entstanden sein.

ja etwas: Biomasse. Sie sind also auch Produzenten, genau wie Raupen, die durchs Fressen und Fressen immer größer und dicker werden. Sind die Raupen schön fett geworden, schnappt sie sich ein Vogel und stopft sie sich oder seinen Küken in den Schnabel. Er konsumiert sie. Natürlich nicht alle, einige überleben, verpuppen sich und werden dann zum Schmetterling. Und werden erst dann gefressen. Vögel, Spinnen, Ameisen, auch Frösche und Kröten, Eidechsen oder Spitzmäuse fressen – konsumieren – gerne Insekten; sie sind also auch Konsumenten. Aber nicht direkt Konsumenten der Pflanzen, der Produzenten, sondern über den Umweg eines anderen Konsumenten. Deswegen sind zum Beispiel Raupen Primärkonsumenten und Spinnen Sekundärkonsumenten.

Nie würde eine Spinne etwas Pflanzliches fressen. Spinnen sind reine Fleischfresser – die man in der Fachsprache »Carnivoren« nennt oder

»Insektivoren«, weil das Tierische, das sie sich einverleiben, in erster Linie Insekten sind. Pflanzenfresser nennt man übrigens »Herbivoren«. Ganz trennscharf ist es nicht, denn carnivore und insektivore Tiere fressen durchaus auch Weichtiere wie Schnecken oder Würmer, die keine Insekten sind (siehe Seite 110). Carnivoren sind immer mindestens Sekundärkonsumenten.

Ein Fleischfresser, der sich von anderen Fleischfressern – und nicht von Pflanzenfressern – ernährt, heißt dann schon »Tertiärkonsument«. Wer Latein in der Schule hatte, darf sich freuen, es nochmal zu etwas gebrauchen zu können, und kann jetzt weiterzählen.

Wir anderen kehren jetzt zur Geschichte vom Wolf und den Gänseblümchen zurück. Denn eine Sorte fehlt noch, die Allesfresser, auch »Omnivoren« genannt: Viele Vögel fressen Raupen *und* Beeren, also Insekten und Pflanzen, auch Wildschweine sind zum Beispiel Allesfresser. Sie ernähren sich von Eicheln, Bucheckern, Wurzeln, Pilzen, Früchten, Kräutern, Gräsern, aber auch von Würmern, Engerlingen, Schnecken oder Aas. In Stadtgebieten suchen sie in Abfalltonnen nach Nahrungsresten, fressen Gartenabfälle oder durchwühlen Komposthaufen.

Füchse sind ebenfalls Allesfresser, eigentlich auch Raubtiere, Beutegreifer oder – noch ein Fachbegriff – »Prädatoren«. So wie der Wolf. Aber Füchse fressen Mäuse, Kaninchen und Vögel nur, wenn sie Jagdglück haben, sonst auch Heuschrecken oder Raupen und Früchte.

Wölfe fressen keine Beeren und Früchte, auch keine Insekten, Vögel oder Frösche. So viel Kleinvieh zu fangen, um satt zu werden, ist lästig. Der Wolf frisst lieber einen fetten Frischling, ein Reh oder ein Hirschkalb und am allerliebsten Hasen, die sich mit Kräutern und Blättchen, Knospen und Blüten fett gefressen haben. In all diesen Tieren stecken viele Nährstoffe und viel Energie, angereichert aus dem, was ursprünglich mal die Pflanzen produziert haben. So bekommt der Wolf den Bauch voll, so frisst auch der Wolf am Ende die Blumen.

Den Wolf frisst keiner mehr, er ist der Endkonsument, auch »Top-Prädator« oder »Alpha-Prädator« genannt. Der Letzte in der Reihe. Natürliche Fressfeinde hat ein Tier vom Kaliber eines Wolfes nicht, außer

Parasiten und Krankheiten, die auf oder in ihm leben und an seinen Eingeweiden und seinem Blut saugen, ihn schwächen und töten.

Dass viele Wölfe erschossen oder überfahren werden, lassen wir jetzt mal außen vor. Oder vielleicht doch nicht: Denn auch der Mensch ist ein Endkonsument. Er selbst sieht sich als *den* Alpha-Top-Endkonsumenten. Und benimmt sich auch so. Meint, den Wolf einfach verschwinden lassen und ersetzen zu können, um selbst Hasen, Rehe und Wildschweine zu jagen und zu essen. Schießt aber der Mensch die Tiere, die der Wolf gerissen hätte, hat das gravierende Auswirkungen. Denn der Jäger schultert seine Beute und isst sie zu Hause auf. Kadaver liegen kaum noch herum, und alle, die sonst an einem Wolfsriss mitessen, gehen leer aus. Oder, wenn doch mal was liegen bleibt, nehmen sie auch Blei auf, mit dem das Tier erschossen wurde. Für Menschen unschädliche Mengen können für einen Vogel-Organismus eine Katastrophe sein. Blei in kleinsten Mengen genügt, um einen Adler zu vergiften.

Gefressen wird der Wolf irgendwann trotzdem. Nämlich dann, wenn er vom Leben auf der Jagd und im Wald alt und müde geworden ist, sich hinlegt und stirbt. Dann schwärmen Tiere aus, große Aasfresser, Rabenvögel, Adler und natürlich theoretisch, wenn es sie hier gäbe, Geier. Sie teilen den Körper des Wolfes unter sich auf. Manche fressen das Fleisch, andere das Fett, nagen an den Knochen. Auch sein Fell und alles, was sonst von ihm übrig bleibt, werden von all den Tierchen und Mikroben, die auf und in der Erde leben, weiterverarbeitet. Das passiert auch beim Tod von anderen großen Tieren, Gämsen beispielsweise, die eine Steilwand herunterstürzen, oder Rehen, die vom Wolf erbeutet wurden. Der Beutegreifer frisst sich satt am Fleisch und lässt noch genug liegen, für Mäuse und andere kleine Allesfresser und vor allem für viele kleine Insekten, Krabbeltiere und Mikroorganismen, die den toten Körper vom Fell bis zur Hautschuppe fressen und verwerten.

Diese Arten nennt man in der Fachsprache »Destruenten«, was erst mal destruktiv klingt, aber daher kommt, dass sie den Wolf, die Gämse und das Aas in ihre Einzelteile zerlegen. Man könnte sie auch Verteiler nennen oder Recycler.

Viren, Pilze, Parasiten

Was ein Virus alles kann und wie wenig es mit unseren menschlichen Sinnen und dem gesunden Menschenverstand zu fassen ist, haben wir seit Ausbruch der Corona-Pandemie erlebt. Auch in der Tier- und Pflanzenwelt gibt es solche Seuchenzüge, die in kurzer Zeit viele, viele Individuen auslöschen: Usutu-Virus bei den Amseln, Myxomatose bei Kaninchen oder der für das sogenannte »Ulmensterben« verantwortliche Pilz *Ophiostoma novo-ulmi.* Warum es überhaupt passiert, dass das Auftreten eines Virus oder eines Parasiten so verheerende Folgen hat, ist selten genau geklärt. Außer, dass so was eben passiert. Bakterien, Viren und Co. wollen eben auch leben. Wie die Fische das Wasser und wir Menschen das Land, besiedeln sie andere Lebewesen. Warum so viele Ressourcen ungenutzt lassen? Auf und in unserem Körper leben Billionen Mikroorganismen, mit den meisten sind wir mehr oder weniger im Team, aber manchmal gerät eben etwas aus den Fugen. Das passiert auch in der Tierwelt. Ungeklärt ist die Frage, was richtigerweise dann zu tun wäre: Vom Pilz befallene Ulmen abholzen und verbrennen? Oder stehen lassen und hoffen, dass einige Individuen überleben oder sogar Abwehrmechanismen gegen die Erreger entwickeln und so langfristig alles wieder ins Gleichgewicht kommt? Oftmals bleibt nichts anderes übrig. Wenn allerdings ein Parasit wie beispielsweise der Pilz mit der Bezeichnung »Salamanderfresser« eine Art wie den Feuersalamander bedroht, die eh schon kurz vor dem Aussterben steht, ist das besonders tragisch und schwer auszuhalten.

Das machen sie nicht als gute Tat, sondern in erster Linie, um sich oder den Nachwuchs zu ernähren. Trotzdem ergeben sich daraus oft Paradebeispiele für kooperative Netzwerkarbeit. Zum Beispiel beim Totengräber. Das sind fingerkuppengroße Käfer, schwarz und je nach Art mit verschiedenartig gezackten orange-roten Bändern auf dem Rücken. Sie vergraben Aas: tote Vögel, Mäuse oder Blindschleichen, als Futter und Kinderstube für die Larven. Ist Paarungszeit, sucht sich das Totengräbermännchen einen schönen Kadaver und signalisiert den Weibchen mit hochgerecktem Hinterteil, dass er Mitgift vorzuweisen hat. Nach der Paarung buddeln beide gemeinsam das Aas in die Erde. So verhindern die Käfer, dass sich allzu viele hungrige Mitesser ebenfalls an dem Kadaver gütlich tun.

Hilfe bekommen sie dabei von Milben, die mehr oder weniger auf ihnen wohnen. Nicht weil sie die Käfer »befallen«, sondern um sich von ihnen bis zum nächsten toten Tier durch die Gegend tragen zu lassen. Dann steigen sie ab, vom Käferrücken auf den Kadaver, und fressen dort Fliegeneier und andere potenzielle Nahrungskonkurrenten des künftigen Totengräbernachwuchses. Mama und Papa Totengräber produzieren außerdem im Darm noch eine Art antimikrobielles Konservierungsmittel und sprühen es aufs Aas. Die kleinen Mikroorganismen, die das Fleisch zersetzen, arbeiten dann langsamer und das Futter für die Käferkinder bleibt länger erhalten. Diese schlüpfen schon nach ein paar Stunden aus den Eiern, die das Käferweibchen in eine kleine Erdhöhle unter den Kadaver gelegt hat. Ein, zwei Häutungsdurchgänge lang füttern die Eltern sie mit vorgekautem Fleisch. Die Larven helfen sich auch gegenseitig, und sollten in einer Familie die Eltern verschwunden sein, werden die Kleinen von benachbarten Familien mitgefüttert.

Wenn die Käferkinder groß genug sind, alleine zu fressen, dauert es noch ein paar Tage, bis sie sich verpuppen. Vom Tierkadaver ist dann nur noch eine leere Hülle übrig geblieben, wenn diese nicht auch Abnehmer gefunden hat.

Solche und ähnliche Teams gibt es für alles, was im Wald und auf den Wiesen an Abfall anfällt. Das passende Team an Destruenten gibt es auch für Laub und Nussschalen, für Holz und überreife Früchte. Auch Pflanzen sterben ja, nicht alle und alles an ihnen wird von einem Pflanzenfresser verspeist.

Auch aus dem Wolf holt die Destruenten-Gemeinschaft an Nährstoffen heraus, was der sich über den Frischling (und der über Raupen und Eicheln) und Hasen (und die über Kräuter, Zweiglein und Blätter) einverleibt hat. Das stellen sie dann den Bäumen und Blumen wieder zur Verfügung.

Gutes Zeichen?

Welcome back, Biber und Bär. Auch Störche und Adler, Wildkatzen und Wölfe oder sogar ab und zu mal ein Elch zeigen sich wieder in unserer Landschaft. Was von vielen als Zeichen gewertet wird, dass alles so schlimm gar nicht ist mit der Natur. Verschwundene Tiere kommen zurück, fein. Der Haken an der Argumentation ist: Diese Tiere sind nicht selten geworden, weil ihr Lebensraum verschwunden ist, sondern weil sie gejagt und vertrieben wurden, weil sie Hassobjekte waren, Nahrungskonkurrenten oder Trophäen. Sie zu verfolgen, ist mittlerweile verboten, deswegen kommen sie zurück. Und weil sie eine hohe ökologische Amplitude haben, eine großartige Anpassungsfähigkeit, was Wohnung und Futter betrifft. Waldvernichtung, Gewässerverschmutzung, Düngung, Intensivlandwirtschaft, Pflanzenschutzmittel, Versiegelung des Bodens und Zersiedelung der Landschaft, all das geht unvermindert weiter, auch wenn in der tiefsten Eifel Wildkatzen gesichtet werden. Es ist nicht plötzlich alles gut.

Je kleiner ein Tier, desto empfindlicher ist es. Manche fressen vielleicht nur eine bestimmte Pflanze und wenn die fehlt, fressen sie gar nichts und vermehren sich nicht mehr. Sie werden vielleicht gar nicht gejagt oder vertrieben. Aber sie können vor all den menschlichen Aktivitäten nicht fliehen und sterben. Und selbst wenn wir Flächen entsiegeln, die lärmende Torfabbau-Maschinerie aus den Mooren abziehen und keine Gülle mehr in den Bach leiten – sie werden nicht wiederkommen. Weil es sie nicht mehr gibt. Oder weil irgendwo ein Bordstein und eine Straße sie unüberwindlich daran hindern, zu neuen Ufern aufzubrechen.

Ganz ausschließlich von Licht und Liebe leben auch Pflanzen nicht. Sie brauchen auch ein paar Nährstoffe und die bekommen sie auf diese Weise. Den Weg vom Gänseblümchen zum Wolf, den haben Sie aus dem Biologieunterricht vielleicht als Nahrungskette in Erinnerung. Eine lineare Abfolge vom pflanzlichen Primärproduzenten bis hin zum Endkonsumenten, dem Top-Prädator. Manchmal ist auch von Trophiestufen die Rede und die Abfolge wird als Treppe oder Pyramide dargestellt.

Trophie könnte man sehr frei als Energielevel oder Nährstoffanreicherung auf einer Ebene übersetzen. Die breite Basis der Pyramide hat ein niedriges Level, die kleine Spitze ein hohes. Unten muss sehr viel produziert werden, damit die wenigen Großen oben auch noch satt werden. Ein Konsument setzt ja nicht alles, was er an Biomasse aufnimmt, eins zu eins in eigene Körpermasse um, sondern fliegt, rennt, schwimmt, klettert – verbraucht also Energie, auch für die Körperwärme.

Je höher die Trophiestufe ist, desto größer der Lebensraum, den ein Lebewesen braucht, um genug Fressen zu finden, und desto weniger spezialisiert sind die Tiere bei der Nahrungsauswahl. Insekten sind ja manchmal stur auf einzelne Pflanzenarten fixiert. Die Mohn-Mauerbiene etwa braucht Mohnblütenblätter, um ihre Brutröhren damit zu tapezieren, und vor allem Kornblumenpollenkörner, um jedem Ei ein bisschen Proviant mit in die Röhre zu geben. Absolut in Gramm ist das sehr wenig. Und stünden wie früher auf jedem Acker reichlich Mohn und Kornblumen zwischen dem Getreide, hätte die Wildbiene kein Problem, genug zu finden.

Hasen dagegen fressen sehr, sehr viele verschiedene Pflanzen. Auch wenn fehlende Ackerrandstreifen ihnen das Leben schwer machen, finden sie meistens immer noch irgendetwas.

Wildschweine fressen alles. Als Allesfresser wird man immer satt, ist aber auch darauf angewiesen, dass das Angebot abwechslungsreich zusammengesetzt ist. Denn der Organismus ist eben darauf ausgelegt, Nährstoffe aus vielen Quellen zu bekommen. Genauso wie beim Menschen: Nur Äpfel, nur Eier, nur Cornflakes, das ist auf Dauer zu einseitiges Essen und macht krank. Auch das ist ein Grund, warum möglichst viel Biodiversität so wichtig ist. Generalisten werden irgendwie satt, aber gesund ist das deshalb noch lange nicht. Sie brauchen eine ausgewogene Ernährung und einen bunt gedeckten Tisch.

Aber kehren wir zur Trophie-Pyramide zurück. Die Pyramide ist ein gutes Modell, um die Energielevel darzustellen und auch um zu zeigen, dass es ohne Blumen keine Insekten gibt, ohne Insekten keine Insektenfresser, ohne Blumen keine Hasen und damit nichts, was der Wolf

Volterra, Lotka und die Beute

Die Wissenschaftler Vito Volterra und Alfred Lotka haben Anfang des vergangenen Jahrhunderts verschiedene nach ihnen benannte Regeln zu Populationsgrößen von Räubern und Beutetieren erfunden. Eine Regel besagt zum Beispiel: Erst nimmt die Zahl der Beutetiere zu, dann die Zahl der Räuber, dann nimmt die Anzahl der Beute ab, dann die Anzahl der Räuber. Werden Räuber und Beute gleichzeitig dezimiert, so erholt sich die Beutepopulation schneller als die Räuberpopulation.

Das ist ziemlich schematisch und natürlich nur ein Ausschnitt aus der komplexen Wirklichkeit, die man Leben nennt, aber wenn Sie statt Beute zum Beispiel Läuse einsetzen, dann passt das. Die kleinen Blattsauger sind immer irgendwie schon da. Das liegt daran, dass sie sogenannte »R-Strategen« sind. So nennt man Arten, die wie die Blattläuse bei der Fortpflanzung (R steht für Reproduktion) auf Masse setzen, weniger auf gezielter Brutpflege einzelner Nachkommen. K-Strategen – das K kommt von Kapazität – sind zum Beispiel Insekten, die gezielt eine bestimmte Pflanze für ihre Handvoll Eier aussuchen; oder Vögel, die ein Nest bauen und Brutpflege betreiben; oder Säugetiere, die lange schwanger sind und sich dann noch länger um ihren Nachwuchs kümmern. Sie alle investieren mehr Zeit in weniger Nachkommen, und das dauert eben länger.

Bis das Vogelnest gebaut ist, sind die Blattläuse schon auf Hochtouren, bis die Marienkäfer da sind, auch. Bei den Blattläusen werden aus einer Laus schnell zehn, aus diesen zehn sind morgen schon 100 geworden, rasch sind es 1000. Aus der Sicht der Blattlausfresser ist das super: Wenn sie fressen wollen, ist der Tisch reichlich gedeckt. Aus Sicht des blattlausbekämpfenden Menschen nicht. Wer aber die Hände still hält, wird belohnt. Alle anderen können nach der Lotka-Volterra-Regel das Gegenteil erleben: Ohne Blattläuse kommen auch Florfliegen und Marienkäfer nicht gut durchs Jahr, der Bestand bricht ein und braucht länger, um sich zu erholen. Und im nächsten Frühjahr sind die Blattläuse dann schon ein bisschen schneller wieder zurück.

fressen kann. Eins baut auf das andere auf. Aber dass es auch umgekehrt funktioniert, zeigt eine solche Pyramide nicht sehr gut. Denn es gilt auch: ohne Wölfe keine Hasen. Auch wenn es doch für Hasen und Rehe paradiesisch sein müsste, wäre der Wolf weg. Kann sein, muss aber nicht: Denn was der Wolf von seinem Riss übrig lässt, frisst wie gesagt der Adler. Weniger Risse heißt weniger Adlerfutter und dann bald auch weniger Adler. Weniger Adler schlagen weniger junge Füchse. Es gibt also mehr Füchse. Füchse sind Allesfresser wie Wildschweine, sie fressen auch Insekten, wenn sie sich stark vermehren und die Nahrung immer knapper wird. Je mehr Füchse deshalb Insekten fressen, desto weniger gibt es von ihnen und desto weniger Pflanzen werden dann von Insekten bestäubt. Sie können weniger Samen bilden und sich vermehren. Aber eine vielseitige Pflanzenwelt wäre wertvolles Hasenfutter. Am Ende hat der Hase so vielleicht Ruhe vor dem Wolf. Aber Hunger.

Verschwindet eine Art von einer der Ebenen, dann verändert sich etwas im Gefüge, bis hin zum kompletten Zusammenbruch. »Trophische Kaskade« nennt das die Wissenschaft. Was wie genau, wie viel und warum passiert, darüber diskutiert die Fachwelt intensiv.

Trophische Kaskaden kann man aus verschiedenen Richtungen denken: Keine Wölfe im Wald sind schlecht für den Wald, weil Wölfe das Rotwild regulieren. Das wäre, so heißt das Szenario, *top-down* gedacht, also von oben nach unten in der Pyramide. Wo die Räuber entlanglaufen, taucht das Wild selten auf. Hier können Bäume in Ruhe wachsen, werden groß und alt und bieten tolle Nistplätze für viele Vogelarten. Rehe und Hirsche werden sich woanders sammeln und dort mehr fressen. Dort entstehen dann durch Verbiss neue Lichtungen und die Möglichkeit für andere Pflanzen oder junge Bäume, aufzuwachsen. Wölfe gestalten also den Wald und Lebensraum für andere: Mehr Bäume bieten zum Beispiel auch Bibern mehr Möglichkeiten, Dämme an den angrenzenden Wasserläufen zu bauen.

Vielleicht ist es aber auch so, dass die Biber mit ihren Dämmen den Wasserhaushalt so verändern, dass die Bäume besser mit Wasser versorgt werden und mehr Bäume besser wachsen. Das wäre ein Szenario,

Kurz erklärt: Biodiversität

Biodiversität gibt's gleich dreifach: zumindest nach der Definition der Vereinten Nationen. Einmal ist damit die eigentliche Artenvielfalt gemeint, all die vielen verschiedenen Tiere, Pflanzen, Pilze, Algen und Bakterien, die es auf unserem Planeten gibt. Dann umfasst der Begriff die genetische Vielfalt innerhalb der Familien, Gattungen, Arten: verschiedene Vogelarten, beispielsweise Sperber und Spatzen, verschiedene Spatzenarten, sowie dass es innerhalb einer Art genügend Individuen gibt, um die Art zu erhalten. Am besten haben die einzelnen Tiere unterschiedliche Eigenschaften, um den Genpool immer wieder neu mischen zu können und sich damit an Änderungen im Lebensraum besser anzupassen. Die Lebensraumvielfalt ist die dritte Säule der Biodiversität. Von Heide bis Hochmoor, von Regenwald bis Ozean gibt es zahlreiche verschiedene Ökosysteme, die jedem Tierchen und jeder Art eine Nische bieten. Wichtig sind alle diese Lebensräume und alles hängt miteinander zusammen. Mag der Tiger im Zoo noch überleben, ist er aber eben nicht mehr in seinem Lebensraum und kann diesen nicht mehr gestalten. Und ausgewildert würde er nicht überleben, weil sein natürlicher Lebensraum nicht mehr existiert. Den Lebensraum des Tigers und nicht nur ihn zu schützen, wäre für die Biodiversität auch deshalb segensreicher, weil dann dort im Fahrwasser dieser Flaggschiff-Art viele andere Arten überleben würden – die nicht in einem Zoo verwahrt werden können.

das aus der Mitte gedacht ist. Und von unten nach oben kann man sich das Ganze natürlich auch anschauen, *bottom-up:* Mehr Bäume heißt mehr Wild, das sich von diesen Bäumen ernährt. Mehr Wild heißt mehr Nahrung für die Wölfe.

In diese Diskussion der verschiedenen Betrachtungsweisen mischen wir uns nicht ein. Sondern wir nehmen es als Zeichen, dass die Wirklichkeit komplexer ist, als sie mit heutigen wissenschaftlichen Methoden messbar oder darstellbar ist. Weit komplexer als eine Kette oder eine Pyramide. Und deswegen handelt dieses Buch von Nahrungsnetzen. Ein Netz hat kein Oben und kein Unten, es ist wie das Universum dreidimensional in alle Richtungen. Und der Mittelpunkt ist immer der Knoten, den man gerade betrachtet. Zu ihm führen viele Fäden hin, und es führen viele Fäden von ihm weg. Mit der Erforschung dieser einzelnen Fäden beschäftigen sich unterschiedliche Disziplinen: Verhaltensforschung und Biotechnologie, Molekulargenetik, Biomathematik. Das kann in faszinierenden Animationen der arktischen Tiefsee enden, in tollen Filmen über das australische Outback, die ostafrikanische Serengeti und die Urwälder Südamerikas. Aber das kann auch wahrlich sehr theoretisch werden, voller Zahlen und Fachbegriffe, Statistiken.

Auch das Nahrungsnetz ist nur ein Modell. Ein sehr reduziertes. Wenn Sie einen Stift nehmen und all die Tiere und Pflanzen, die in meiner Geschichte mit dem Wolf vorkommen, aufzeichnen und Pfeile ergänzen, um zu zeigen, wer wen frisst, und dann zu jedem Lebewesen noch alle anderen hinzufügen, die es frisst und von denen es gefressen wird, plus alle, die sich der Verdauungsprodukte und anderen Hinterlassenschaften annehmen, wird es ganz schön kompliziert. Nehmen wir noch Ameisen und Eichhörnchen, Eulen und Fledermäuse, Baumpilze und Borkenkäfer, Schwebfliegen und Bärtierchen, die ja auch alle im Lebensraum von Wolf und Gänseblümchen vorkommen, oder Waldmeister und Buschwindröschen, Buchen und Blaubeersträucher dazu … Dann wird es noch komplizierter.

Ein ganz schönes Durcheinander, das es aber in Wahrheit gar nicht ist. *Das* ist Biodiversität, ein bis ins allerkleinste aufeinander eingespieltes und ineinandergreifendes großes Ganzes. Auch wenn wir es mit unseren Sinnen und auch mit allen wissenschaftlichen Methoden und Simulationen nicht beschreiben und wirklich erfassen und schon gar nicht begreifen können. Computersimulationen sehen aus wie ein Kunstwerk aus Tausenden Spinnennetzen, mit Nahrungsketten und Nahrungsnetzen. Sie zeigen zwar die Komplexität, schaffen es aber auch noch nicht, leicht verständlich abzubilden, welch dynamisches System die Natur ist.

Unser Wissen über Nahrungsnetze und Biodiversität ist vielleicht in etwa auf dem Stand, wie die Menschheit astronomisch zu den Zeiten von Kopernikus und Galilei dachte: Die Erde ist eine Scheibe und der Mittelpunkt des Universums. Der gesunde Menschenverstand hatte keinen Grund zu der Annahme, es könnte anders sein. Die Vorstellung, auf einer sich rasend schnell drehenden Stein-Feuer-Kugel zu wohnen, die sich mit Tausenden und Millionen anderen in einer ewigen Weite bewegt, ist mit dem Verstand tatsächlich auch heute noch schlecht zu fassen. Wir wissen es einfach, weil die Wissenschaft es bewiesen, erklärt und dargestellt hat und Astronauten Fotos gemacht haben. Und wir lächeln über die naiven Menschen, die damals stur ans Falsche weiterglaubten und dachten, der Himmel könnte ihnen auf den Kopf fallen. In einigen hundert Jahren wird die Menschheit vielleicht über uns lächeln, über das, was unser gesunder Menschenverstand und unsere beschränkten technischen Möglichkeiten uns vermittelt haben: Der Mensch ist die Krone der Schöpfung und der Mittelpunkt des Universums der Natur.

Ein gutes Beispiel, wohin das führt, sind die Blattläuse: Blattläuse saugen an Pflanzen. Der Mensch will seine Pflanzen lieber ohne Läuse haben. Also sind Blattläuse eklig und schädlich – und müssen weg. Gift nehmen nur die wirklich Unbelehrbaren, man weiß mittlerweile, das schädigt auch die Bienen. Aber weg müssen die Läuse schon, also werden sie abgewischt oder mit Öl und Seifenlauge erstickt. Noch aufgeklärtere Zeitgenossen wissen, dass es auch hilft, Marienkäfer, Florfliegen und andere Blattlausfresser in den Garten einzuladen, sodass diese »Nützlinge« die »Schädlinge« bekämpfen. Aber immer ist der gärtnernde Mensch der Mittelpunkt seines Gartenuniversums, in dem er sich um die bestmögliche Art der Blattlausvernichtung kümmert. Anthropozentrisch sozusagen. Ökozentrisch gesehen, sind Blattläuse und ihre Eier das Fressen vieler Tiere. Und wer Blattläuse vernichtet, nimmt allen anderen ihre Nahrungsgrundlage weg. Jede bekämpfte Blattlaus ist ein fehlender Faden im gigantischen Nahrungsnetzwerk.

Es ist ein ähnlicher Umweltfrevel, wie alte Batterien in den Wald zu werfen, Laub zu saugen oder Glyphosat auszubringen, Blattläuse aus ästhetischen Gründen – und mehr ist es letztendlich nicht – zu töten. Pflanzen sterben nicht am Lausbefall, die Läuse breiten sich auch nicht unkontrolliert aus und befallen am Ende alle Pflanzen im Garten. Das ist, nebenbei erwähnt, ein zweiter großer Fehlschluss aus den Werken Darwins: Es geht keiner Art um Vermehrung im Sinne von »immer mehr werden und am Ende die ganze Welt beherrschen«. Es geht immer nur darum, sich fortzupflanzen, um die Art zu erhalten (siehe R-Strategen auf Seite 19). Die rasante Vermehrung von Blattläusen zum Beispiel ist als Futter für viele andere Lebewesen eingepreist.

Auch Pflanzen wie Giersch, Knopfkraut oder Vogelmiere, die über Nacht ein ganzes Beet bedecken können, zeugen eigentlich nur von schierer Lebenskraft: Sie wachsen dort, wo sonst nichts ist. Die Samen sind leicht und zahlreich und können mit dem Wind von weit her überall hinfliegen. Ein paar wenige erfolgreiche Keimungen reichen, dann werden die ersten Ausläufer gebildet. Lange bevor die Pflanze geblüht und neue Samen produziert hat, die dann ja erst im nächsten Jahr wieder keimen und noch mehr Pflanzen bilden könnten, ist die nackte Erde schon bewachsen, oberirdisch mit Grün bedeckt. Ein Dach über dem Kopf fürs Bodenleben und gleichzeitig Biomasse für kleine und große Pflanzenfresser. Unterirdisch durchwurzelt, gelockert und belüftet von mehr oder weniger dichten Wurzelnetzen. Brände, Baustellen, Erdrutsche, Überschwemmungen, Meteoriteneinschläge: Wenn nichts mehr kommt, nachdem alles zerstört wurde, wäre die Erde bald tot. »Pioniere« nennt man solche Arten, die sich zuerst wieder ansiedeln. Auch sie haben nicht die Welteroberung im Sinn, sondern bereiten den Boden für andere. Viele »hübsche« Pflanzen und Tiere können erst kommen, wenn der Laden einigermaßen läuft und einer bereits aufgeräumt hat und etwas zu fressen da ist. Blattläuse und Vogelmiere zum Beispiel.

Ich habe zwar – um noch mal auf das Beispiel der Erde als Scheibe oder Kugel zurückzukommen – kein Spaceshuttle, um Fotos zu machen und Ihnen zu beweisen, dass die Erde wirklich keine Scheibe ist. Beziehungsweise kein Simulationsgerät, um zu zeigen, dass Blattläuse nicht gefährlich sind und die Biodiversität kein Durcheinander ist. Aber ich werde versuchen, Ihnen zu vermitteln, was mir an Erkenntnissen darüber zur Verfügung steht – und was davon auf diese Seiten passt.

Ab nach draußen: ein Netz voller Arten

Mit dem Grundprinzip sind wir nun vertraut. Das Nahrungsnetz ist in weiten Strecken unsichtbar und undurchschaubar. Aber es ist da: um uns herum, auf der Blumenwiese, in der Hecke, hinterm Haus und direkt vor der Haustür. Schon ein ansatzweise naturnaher Garten strotzt vor Lebensraumvielfalt, genauso wie ein Park und die uns umgebende Landschaft.

Hier schauen wir uns jetzt um. Mit all dem Wissen, was Sie aus der Geschichte von Seite 11 mitgenommen haben. Im Vergleich zu den spektakulären Nahrungsnetzen der ostafrikanischen Savanne oder des arktischen Meeres (mehr dazu ab Seite 129) ist vor unserer Haustür alles ein bisschen kleiner und unspektakulärer, aber es hat den großen Vorteil: Sie können tatsächlich dorthin gehen, in den Garten, den Wald, den Park, und dort mit eigenen Augen sehen, mit eigenen Ohren hören, ob und wie es summt und zwitschert, lebt und frisst. Sie können sich Ihren Garten, den Park, den Wald vor Augen holen, weil Sie diese gut kennen, und Gerüche und Geräusche ergänzen und auch weitere Pflanzen und Tiere, wenn ich Ihnen gleich theoretisch und ausschnittsweise verschiedene Lebensräume und einige wenige Hauptdarsteller und deren direkte Nahrungsbeziehungen stellvertretend vorstellen werde. Jedes Kraut und jedes Würmchen und seine Rolle im ökologischen Getriebe zu würdigen, alle und alles zu erwähnen und im Detail zu beschreiben, was wer frisst und wer von wem gefressen wird, wäre schlicht zu viel. Das Schöne ist aber: Wenn wir um einige Arten im Lebensraum wissen und uns darum bemühen, ihnen die Nahrungsnetze zu erhalten, wenn wir ein paar besondere, schöne, interessante, niedliche, wichtige Flaggschiff-Arten fördern, segelt in deren Gefolge die restliche genauso

Wir haben es in der Hand

Jedes Land hat Verantwortungsarten: Damit sind Arten gemeint, für die eine Nation besonders verantwortlich ist, weil diese Pflanze, dieses Tier und dieser Pilz nur oder hauptsächlich dort vorkommen. Die Tiger in Sumatra, die Koalas in Australien, klar, aber auch in Deutschland gibt es Verantwortungsarten. Welche, das listet hierzulande das Bundesamt für Naturschutz auf. Unter anderem dabei sind bei den Pflanzen Arnika und Graue Skabiose, bei den Tieren die Wildkatze, verschiedene Arten des Apollofalters, der Kiebitz, die Gelbbauchunke. Oder der Gartenschläfer, ein kleiner Verwandter des Siebenschläfers, der vor 100 Jahren noch eine robuste Allerweltsart mit einer Vorliebe für Schnecken und Tendenz zum Schädling war – und den es heute kaum noch gibt. Bevor Sie sich also das nächste Mal über Trophäenjäger, Nashornpulver oder Schildkrötensuppe empören, fragen Sie sich lieber, was Sie je für den Gartenschläfer getan haben. Oder was Sie ganz selbstverständlich täglich tun, das ihm möglicherweise schaden könnte.

wichtige Artenschar ebenfalls in günstigen Gewässern. Vor allem auch die, die wir gar nicht kennen oder mögen. Systematische Artenkenntnis und Bestimmungsbücher werden wir dabei nicht brauchen, lateinische Namen werde ich nicht nennen. Das hat nichts mit wissenschaftlicher Faulheit zu tun, sondern auch damit, dass es manchmal gar nicht möglich ist. Natürlich ist das beim Feldhasen machbar oder beim typischen Regenwurm im Garten, aber bei Ameisen wird es schon verwirrend, und bei den Rüsselkäfern gibt ist oft noch nicht mal einen deutschen Allerweltsnamen, weltweit aber mehrere Zehntausend Arten.

Auch mit Zahlen werde ich mich zurückhalten. Viele Angaben gründen auf Schätzungen von Schätzungen. Weder kennt man die schiere

Artgrenzen sind fließend

Wo genau die Grenze zwischen zwei Arten verläuft, ist immer wieder Diskussion in Wissenschaft und Forschung. Wie sie zu ziehen ist, hängt auch vom Entwicklungsstand mikrobiologischer Untersuchungsmethoden ab. Für den Alltag ist so manche Definition nicht hilfreich, weil auch Koryphäen für die Unterscheidung zweier Rüsselkäferspezies im Zweifel Lupe und Bestimmungsschlüssel, Mikroskop oder eine DNA-Probe brauchen. Was mal als Definition passte, wird durch neue genetische Analysemethoden umgestoßen. Auch die Alltagsdefinition – zwei Tiere gehören dann zu einer Art, wenn sie, und das ist wichtig, fruchtbare Nachkommen zeugen können – passt nicht immer ganz. Bei Mulis, Mauleseln, Zebroiden, auch Schaf-Ziege-Kreuzungen und Ligern, einer Kreuzung aus Löwe und Tiger, oder anderen Raubkatzenhybriden klappt es nicht mit der Weitervermehrung. Aber ein Eisbär und ein Braunbär – als zwei verschiedene Bärenarten – können doch einen Familie gründen.

Zahl der Arten, die es gibt, da weit mehr Arten noch nicht entdeckt oder beschrieben worden sind und es deshalb gar nicht bekannt ist, wie viele noch fehlen. Noch weiß man, wie viele Arten es mal gab, aber schon verschwunden sind. Und niemand weiß genau, wie viele Arten schon wie stark dezimiert sind. Fest steht: Arten verschwinden, Lebensräume verschwinden, die Menge der Tiere und Pflanzen einzelner Arten nimmt ab. Das betrifft keineswegs nur seltene Vertreter. Vor allem die Zahlen von Tier- und Pflanzenarten, die es früher überall gab, nehmen aktuell dramatisch ab.

Um die Biodiversität zu verstehen, braucht man grundsätzlich kein Mathe und kein Latein, sondern ein Gefühl für die Zusammenhänge.

Noch ein paar Hinweise zur Beschreibung der folgenden Lebensräume: Je größer die Konsumenten-Arten, desto weniger von ihnen gibt es in einem bestimmten Nahrungsnetz. Mikroben gibt es zu Millionen im Revier, ein Tier vom Kaliber des Marders nur einmal. Vielleicht noch zusammen mit dem Fuchs und einem großen Greifvogel. Deswegen

Nahrungsbeziehungen auf der Spur

Wer frisst wen oder was – und woher wissen wir das? Erstens durch Hinschauen. Schnabel, Schnauze oder Maul lassen schon ein bisschen etwas erkennen: Greifvögel haben andere Schnäbel als samenpickende Singvögel. Wildkatzen haben Reißzähne, Pflanzenfresser Mahlzähne, mit denen sie auch feste Fasern klein kriegen. Auch da gibt es große Unterschiede: Das Reh zupft mit den spitzen Lippen Zweige und Blätter, das breite Maul der Rinder mäht durchs dichte Gras.

Zweitens: durch Beobachten, was das Tier tatsächlich frisst. Würmer, Nüsse, Blütenblätter … Das ist aber ziemlich aufwendig, und viele Tiere lassen sich nicht gerne beobachten. Aber auch an dem, was hinten rauskommt, lässt sich ableiten, was sich das Tier einverleibt hat. Und auch Gewölle und das von Wiederkäuern Hochgewürgte werden untersucht; und wenn das Tier tot ist, auch der Mageninhalt. Manches ist mit dem Auge zu erkennen: Haare, Kerne, Fruchtschalen. Für manches braucht es ein Mikroskop. Bei einer sehr fein zerkauten oder verdauten Masse lässt sich mittels DNA-Analyse bestimmten, wer was oder wen und in welchen Mengenverhältnissen gefressen hat.

kann es sein, dass wir manche Arten in verschiedenen Lebensräumen treffen, weil ihnen ein Lebensraum nicht reicht. Das ist aber auch wieder nur ein Zeichen, wie alles mit allem zusammenhängt. Die Lebensräume, die wir uns anschauen, sind keine isolierten Inseln, sondern über Fäden des Netzes mit anderen verbunden und verknüpft.

Jedes Nahrungsnetz, das wir uns ab Seite 30 anschauen, mit seinen Tier- und Pflanzenarten und deren Fressbeziehungen (anhand von einigen, beispielhaften Pfeilen dargestellt), ist nur ein kleiner Ausschnitt. Jedes Lebewesen im Netz hat um sich herum ein eigenes Netz, das nicht dargestellt wurde, und alles und jeder in diesem Netz ebenfalls. All diese einzelnen Netze hängen miteinander zusammen.

Am Ende jeden Abschnitts gibt es ein paar Ideen, wie wir die Biodiversität fördern und den Nahrungsnetzen Gutes tun können. Das ist ein weiterer wichtiger Grund, bei unserer Entdeckertour in der Nähe zu bleiben: Hier direkt vor Ort haben wir Einfluss und Gestaltungsmöglichkeiten.

Wer jetzt stöhnt: »Ach du je, was soll ich denn noch alles für die Natur und den Umweltschutz machen, ich kaufe schon Transfair-Bio-Kaffee und MSC-Fisch, verzichte auf Plastik, fahre mit dem Fahrrad, statt mit dem Auto …«, den kann ich beruhigen. Keine Sorge: Es ist einfacher als man denkt. Das Netzwerk der Natur arbeitet ganz von alleine und niemand muss davor beschützt werden, gefressen zu werden. Die Bohnen nicht vor der Blattlaus, die Blumenwiese nicht vor der Ziege. Mein Rotkehlchen nicht vorm Sperber. Was beschützt werden muss, ist die Möglichkeit, dass sie alle genau das tun können: fressen und gefressen werden.

Und solange wir nicht bis ins Detail das Nahrungsnetz unserer Gärten, Parks und der Welt durchschaut haben, und ich vermute, das dauert noch ein paar Generationen, sollten wir so wenig wie möglich tun, was der einen oder der anderen Art und der Artenzusammensetzung des Lebensraums schadet. Jeder Griff ins Netz bringt es ins Wackeln, Fäden können reißen, Teile aufribbeln. Je weniger wir daran herumzerren, desto besser. Begeben wir uns lieber vertrauensvoll in dieses Netz, dessen Teil wir sowieso sind, wie in eine Hängematte. Tun Sie öfter mal nichts und lesen Sie lieber ein gutes Buch.

Wiese versus Rasen: Gutes Grün muss geblümt sein

Artenreiches Grünland ist hierzulande laut Roter Liste der am meisten gefährdete und am weitesten geschwundene Lebensraum. Es gibt ihn kaum noch. Dabei wächst doch überall in den Gärten – wo nicht Asphalt, Pflaster oder Schotter liegt – sattgrüner Rasen; und auf dem Land, wo kein Forst oder Acker ist, saftig grünes Gras. Wie passt das zusammen? Das entscheidende Wort ist »artenreiches« Grünland. Reich an Pflanzen- und Tierarten sind weder Rasen noch die fetten Weiden voller Gras. Der typische englische Rasen besteht aus einigen wenigen Gräserarten, wird wöchentlich gemäht, regelmäßig gedüngt und mit chemischen Mitteln von Unkraut und Moos befreit. Auf einer landwirtschaftsüblichen Weide weidet nur noch selten Vieh. Sie ist entwässert, gedüngt und mit einer Handvoll eiweißreicher Grasarten eingesät, wird alle paar Wochen gemäht, und das Gras wird zu Silofutter verarbeitet. Ein Lebensnetz für solches »Grünland« ist schnell gezeichnet: einige wenige Arten Gräser, kaum Insekten, also auch keine Vögel, Reptilien oder Kleinsäuger, die Insekten fressen. Fertig.

Oft hört man, dass Wiesen Produkte der bäuerlichen Landwirtschaft seien. Nach allem, was wir mittlerweile wissen, stimmt das so nicht. Wiesen sind kein Kulturgut, sondern Naturerbe. Geschaffen von großen Pflanzenfressern, den Megaherbivoren, die es seit Hunderttausenden von Jahren bis nach der letzten Eiszeit auch bei uns gab: Mammuts, Wollnashörner und Auerochsen; außerdem, eine Stufe kleiner, Elche und Hirsche, Rehe und wilde Schafe und Ziegen. Sie alle sind gemächlich grasend, rupfend, zupfend und mahlend durch die Landschaft gezogen, trampelten das Gras platt, fraßen Baumschösslinge runter, ließen hier und da mehr stehen, was nicht schmeckte oder schlecht erreichbar war, und via Verdauung bekam die ein oder andere Stelle einen ordentlichen Klatsch Dünger ab. In den Hinterlassenschaften lebten dann Massen von Insekten, die für all die Vögel und die anderen Insektenfresser und deren Nachwuchs reichlich zu fressen boten. So wie es in den afrikanischen Savannen (siehe Seite 129) noch heute ist. Als der Mensch

Grün, grün, grün ...

Wiese, Weide, Grünland: Diese Begriffe haben in der Landwirtschaft eine andere Bedeutung, als wir sie in der Alltagssprache benutzen. Mit »Wiese« ist landwirtschaftlich genutztes Grünland gemeint, das gemäht wird und dadurch eben Grasland bleibt und nicht verbuscht und nach und nach zum Wald wird. Grünland, auf dem ab und an Vieh weidet, nennt man »Weide«. Die Pflanzenzusammensetzung auf beiden Grünlandarten unterscheidet sich. Vieh frisst stetig, aber selektiv: Disteln lässt es stehen, schnellwüchsige Gräser oder auch Rosettenpflanzen wie Löwenzahn, Gänseblümchen oder Wegerich kommen schnell wieder. Kuhfladen und andere Hinterlassenschaften der Weidetiere düngen die Weide dort, wo sie landen. Bei einer halbjährlichen Komplettmahd einer Wiese bilden sich andere Pflanzengesellschaften verglichen mit der Weide. So oder so ist keine Wiese wie die andere, und Fachleute unterscheiden noch jede Menge unterschiedliche Wiesen- oder Weide-Typen, allein die richtigen Benennungen und Definitionen und Beschreibungen könnten ein ganzes Kapitel füllen, die Namen alleine manchmal einige Zeilen. Rotschwingel-Rotstraußgras-Wiese zum Beispiel oder Wiesenschaumkraut-Fuchsschwanz-Wiese. Unterschieden werden Wiesen auch in fette, feuchte und magere Varianten. Fettwiesen entstehen auf nährstoffreichen Böden, Arten wie Löwenzahn, Flockenblume, Wiesenstorchschnabel, Wiesenkerbel, Klee, Wiesenbocksbart und Rote Lichtnelke sind typisch. Magerwiesen heißen Wiesen auf eher trockenen, sandigen und nährstoffarmen Böden. Hier fühlten sich Wiesensalbei, Wiesenmargerite, Glockenblume, Hornklee, der Halbschmarotzer Klappertopf und auch die Schafgarbe wohl. Feuchtwiesen sind eher nass, entweder durch Staunässe oder Gewässernähe. Typische Pflanzenarten sind Wiesenschaumkraut, Sumpfdotterblume, Scharfer Hahnenfuß, Kohlkratzdistel und Wiesenfuchsschwanz.

kam, verschwanden die Kolosse. Die Arbeit der großen Pflanzenfresser wurde vielfach von domestizierten Rindern, Ziegen und Schafen übernommen und von Menschen mit Sichel und Sense.

Wie das letzte Mammut starb

Mammuts waren einst eine Allerweltsart, überall verbreitet auf der Erde – bis sie fast überall vor rund 10 000 Jahren verschwanden. Zu den Gründen gibt es viele Theorien – das Wetter, der Mensch – und wahrscheinlich stimmt von allem ein Teil. Was aber fest steht: Auf einmal wurden rapide schnell die Herden immer kleiner, immer weniger, und nach wenigen Hundert Jahren lebten nur noch einige wenige Mammuts auf abgeschiedenen Inseln wie der sibirischen Wrangelinsel. Heutige Erbgutforschung zeigte, dass sich in den Genen der Wrangelmammuts viele krankhafte Erbgutveränderungen ansammelten. Es waren zu wenig Tiere und es konnten keine neuen Mammuts mit besseren Genen einwandern, weil es keine mehr gab. Mit gravierenden, negativen gesundheitlichen Folgen für die letzten ihrer Art. Das ist kein Spezial-Schicksal der Mammuts, sondern betrifft alle isolierten Arten, egal, wie groß oder klein. Zum Beispiel könnte es den erfolgreich in Deutschland wieder angesiedelten Luchsen so ergehen: Drei Populationen gibt es, im Harz, im Böhmerwald und im Pfälzerwald. Zu weit voneinander entfernt, als dass sie sich auf Wanderungen treffen und miteinander mischen können. Bleiben sie aber so unter sich, sinkt die genetische Vielfalt der Tiere. Das macht sie krank und verringert ihre Fortpflanzungsfähigkeit. Und schon droht dem Luchs wieder das Aussterben.

In ein paar hundert Jahren menschlicher Heuwirtschaft hätte sich ein derart spezialisiertes und orchestriertes System auch kaum entwickelt. Ein Beispiel, von dem ich Ihnen erzählen möchte, ist ein kleiner Schmetterling. Ein Bläuling und wahrscheinlich können ihn nur Schmetterlingsexperten von den andern vielen Bläulingsarten unterscheiden, die es in Deutschland gibt, insgesamt weltweit sind es mehrere Tausend. Unser Bläuling hier trägt den Namen Ameisen-Wiesenknopf-Bläuling; und damit ist auch schon gesagt, was er zum Leben und Überleben braucht: Ameisen. Und Wiesenknöpfe. Das sind auf hohen Stängeln kugelig rot blühende Blumen. Kurz bevor sich der Blütenkopf öffnet, kommt eine Bläulingsfrau und legt ihre Eier hinein. Sind die

Räupchen geschlüpft, fressen sie sich in der Blüte dick, bis sie sich irgendwann schwer zu Boden fallen lassen und dort darauf warten, dass Ameisen vorbeikommen. Am liebsten Knotenameisen, die auf Wiesen häufig sind. Eigentlich würden die Ameisen die Raupen fressen. Damit sie es nicht tun, verkleiden sich die Bläulingskinder – per chemischem Duftstoff – als Ameisenbabys und lassen sich in den Bau tragen. Dort bleiben sie den ganzen Winter, es ist schön warm und es gibt jede Menge zu fressen: die Ziehgeschwister nämlich. Bevor die Ameisen etwas merken, ist der Frühling da, die Raupen verpuppen sich und fliegen als Falter davon. Auf den nächsten Wiesenknopf, um sich mit dessen Nektar zu stärken und um sich dort mit einem anderen Bläuling zu paaren.

So und ähnlich sind viele Insektenarten an eine bestimmte Pflanze gebunden. Es gibt den Magerwiesenmargeriten-Kleinrüssler, der auf der Magerwiesen-Margerite lebt, oder die Schenkelbienen, die auf das Öl und die Pollen des Gilbweiderichs angewiesen sind, und auch der Allerwelts-Rotklee hat Tierchen, die ihn und nur ihn brauchen.

Wiesen waren nie geschützte, unberührte Flächen, sondern sie wurden extensiv genutzt, von Mensch und Tier zusammen, Tausende und Abertausende Jahre lang. Bis der Mensch die Intensivlandwirtschaft erfand, das Vieh in den Stall sperrte und ihnen das Futter als Heu oder Silage vorsetzte. Allein die Mahd ändert viel, schon gesenst landen viele Ameisenbläulingskinder im Heu, statt auf dem Boden und im Ameisenbau. Aber wenn wie heute ein großer Schlepper mit riesigem Mähwerk über das Grünland brettert, ist alles auf einmal weg. Nicht nur Insekten und ihre Raupen und Larven, sondern auch Kitze, Hasenjunge und Vogelnester.

Damit das Vieh im Stall Kraftfutter bekommt, wird das Grasland intensiv bewirtschaftet und statt geblümtem Grün dominiert schnell wachsendes, fettes Gras. Magerwiesen werden gedüngt, Feuchtwiesen sind oft entwässert und sehr selten geworden. Weil alle paar Wochen gemäht wird, blüht kaum etwas.

Die traditionellen Wiesentypen, die es noch gibt, stehen meist unter Naturschutz. Auf solchen Wiesen blüht dann vielleicht noch das

Fressen und gefressen werden auf der Wiese

① Wiesenschaumkraut
② Knoblauchsrauke
③ Löwenzahn
④ Nachtviole
⑤ Aurorafalter
⑥ Raupe des Aurorafalters
⑦ Wiesenschaumzikade
⑧ Krabbenspinne
⑨ Hummel
⑩ Wespe
⑪ Braunkehlchen
⑫ Feldlerche
⑬ Feldhase
⑭ Fuchs
⑮ Wühlmaus
⑯ Feldhamster

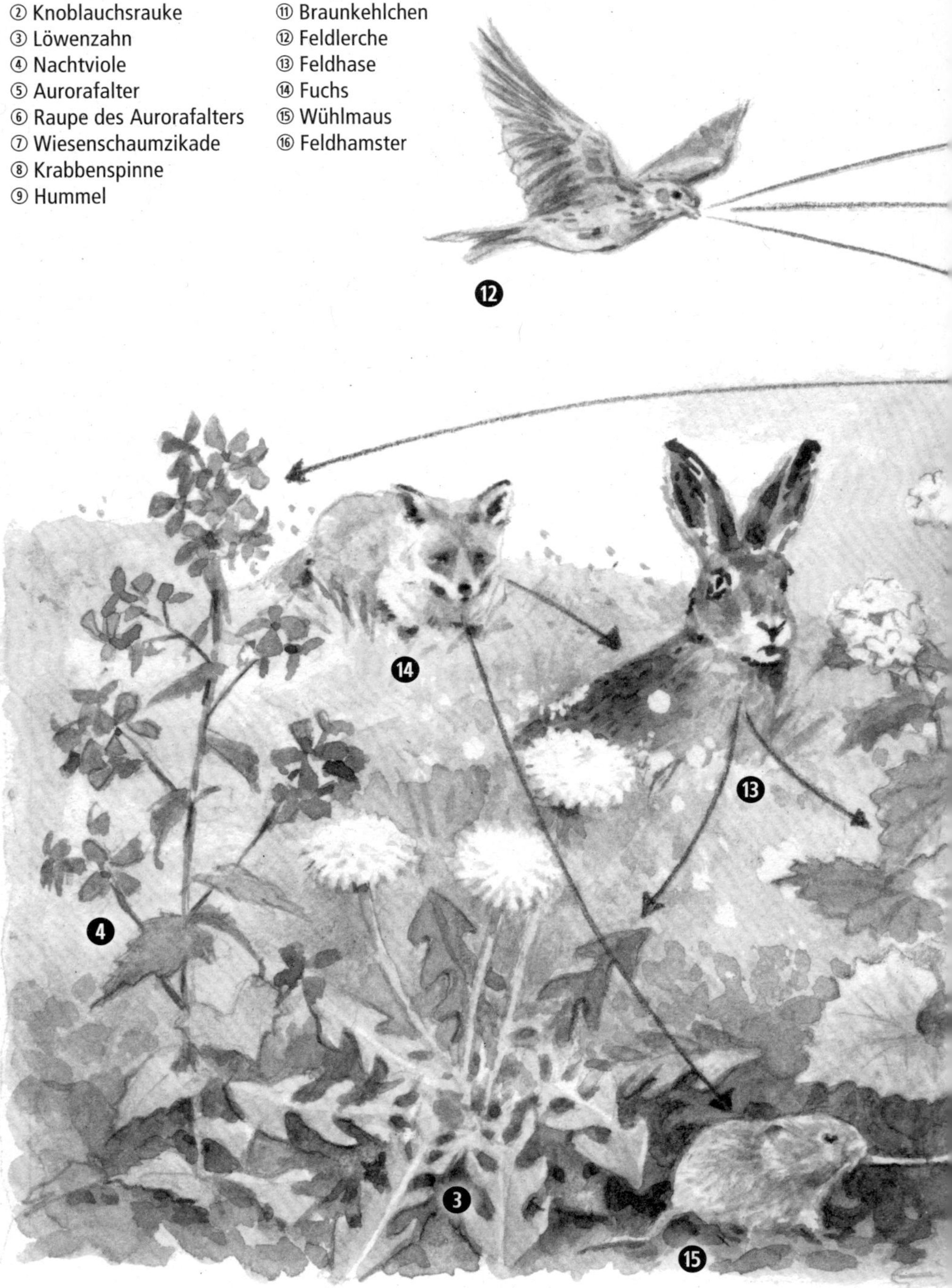

9
10
11
8
5
1
6
2
7
16

Wiesenschaumkraut, zart weiß bis rosa schon im April und für viele Insekten, die zu dieser Jahreszeit schon unterwegs sind, eine der wenigen reichen Nektarquellen. Manche fliegen drauf, weil es eben das ist, was gerade da ist, andere mit Vorliebe. Der Aurorafalter etwa schlürft den Schaumkrautnektar, seine Raupen lieben die Blüten und Samen, die Blätter noch viel mehr. Nachdem sich ihre Eltern auf der Wiesenschaumkrautblüte paarten und die Mutter dort ihre Eier gelegt hat, futtern sich die Raupen am Schaumkraut rund. Auch Knoblauchsrauke oder Nachtviole mögen sie. Die Raupen verpuppen sich im Herbst auf ihrer Futterpflanze und schlüpfen im Frühling – dann, wenn auf feuchten Wiesen das erste Schaumkraut seine Blüten treibt. Und sie beginnen den Reigen wieder von vorne.

Wenn wir jetzt nicht dem Schmetterling nachschauen, sondern den Blick auf den Blüten lassen, sehen wir nach einiger Zeit auf einmal noch andere Tiere, die auf den ersten Blick gar nicht zu erkennen sind. Eine Krabbenspinne zum Beispiel. Das ist Absicht, denn sie passt sich farblich ihrer Wohnblume an, um leichter fette Beute machen zu können, wenn sich Falter oder Bienen, Hummeln, Hornissen und Tanzfliegen auf der Blüte zum Trinken niederlassen. Man könnte nun denken, wenn die Spinne die Bestäuber fängt oder verschreckt, werden die Blüten nicht bestäubt, und das ist schlecht für den Fruchterfolg und die Vermehrung der Pflanze. Aber die Spinnen fressen nicht nur Bestäuber, sondern eben auch Raupen und Falter wie den Aurorafalter. Zu viele der Falter würden vielleicht zu viele Eier legen, daraus würden zu viele Raupen schlüpfen, die zu viel Wiesenschaumkraut wegfressen würden, das dann nicht blühen und fruchten könnte und im nächsten Jahr nur sehr spärlich nachwachsen würde, wer weiß?

Wiesenschaumkraut würde auch vielen anderen Arten fehlen, der Wiesenschaumzikade zum Beispiel. Die Zikade – oder besser: der Nachwuchs – sitzt in dem, was man als sogenannte »Kuckucksspucke« an den Stängeln sehen kann. Ein weißer Schaumball, in dem die Larve gut klimatisiert und gut geschützt sitzt und Pflanzensaft saugt. Dann entpuppt, ist die Zikade unscheinbar braun und nur wenige Millimeter groß. Zikaden haben eine breite ökologische Potenz, das heißt, sie können eine große Bandbreite von Umweltfaktoren ertragen und damit in den verschiedensten Biotopen existieren, schlechten Lebensräumen können sie entfliehen und entfliegen, schlechte Zeiten können sie in Form von Eiern überdauern. Schaumzikaden sind sogenannte »Allerweltsarten«, und sie kommen auch ohne Wiesenschaumkraut klar. Aber es gibt eine Menge Arten, die nicht ohne die Wiesenschaumzikade klarkommen. Vor allem Vögel, von denen viele Arten gerne in Wiesen brüten – würden, wenn es noch welche gäbe. Braunkehlchen, Feldlerche, Kiebitz, Goldammer sind nur einige Arten, sie alle sind inzwischen wenig bis selten geworden.

Wiesenbrüter brauchen für ihre Küken viel, viel Fressen, damit diese schnell groß werden. Denn wer sein Nest auf dem Boden hat, lebt gefährlich; nicht erst, seit mehrmals jährlich die Mähmaschine drüberfährt. Füchse zum Beispiel waren schon immer scharf auf Eier und Küken. Aber je intensiver die Bewirtschaftung, desto gefährlicher wird es für die Vögel. Anders als früher wird ja nicht nur zweimal im Jahr per Hand gemäht, sondern alle paar Wochen mit großen Mähwerken. Die verarbeiten nicht nur das Gras zu Häcksel und Silage, sondern alles, was noch nicht flügge ist, ob Rehkitz, Insektenlarven oder Küken.

Einzelne Streifen und die vorhandenen Nester vor der Mahd zu schützen – beispielsweise mit sogenannten »Lerchenfenstern« –, ist eine gute Maßnahme, reicht aber trotzdem nicht aus. Das zeigt das Beispiel Wiedehopf. Dieser prächtige Vogel ist mit seinem langen dünnen Bogenschnabel und seiner Federhaube unverwechselbar. Allerdings sieht man ihn nur noch sehr selten. Obwohl er auf der Wiese nur frisst und nicht brütet – und dabei kaum umgemäht werden könnte. Für seine Nester braucht er Höhlen in alten Bäumen, Hecken oder Holzhaufen. Früher typisch auf oder an Wiesen, in Parks oder entlang von Feldwegen, werden auch diese immer weniger. Gehölze werden abgesägt, aus Sicherheits- oder wirtschaftlichen Gründen. Aber gravierender ist, dass der typische Rasen in baumreichen Parks auf »englische Art« gepflegt wird: gemäht, gedüngt und mit chemischen Mitteln von Unkraut und Moos befreit. Auch landwirtschaftliche Wiesenflächen bekommen ihren Teil der großflächig versprühten Unkrautvernichter oder Insektengifte ab. So leuchtende und Lebensfreude versprühende Blumen wie der Löwenzahn zum Beispiel gelten ja vielfach als »Unkraut«.

Vögel sind aber erstens sehr empfindlich gegenüber chemischen Substanzen. Schon Spuren aufgenommener Pestizide machen sie krank, die noch empfindlicheren Küken sterben. Zweitens führen der Mangel an Blüten und der Einsatz tödlicher Pestizide zu Insektenschwund. Gibt

Wiesenbewohner Klappertopf

Nicht Produzent, nicht Konsument, sondern Schmarotzer, oder genauer Halbschmarotzer, das ist der Klappertopf. Einerseits eine typische Wiesenpflanze, die so heißt, weil die Blüten zu kleinen trockenen Becherchen reifen und im Wind leise klappern. Andererseits ist er etwas Spezielles, genauer: Seine Ernährung ist speziell. Seine Wurzeln wachsen nicht in der Erde, sondern in und auf anderen pflanzlichen Wiesenbewohnern, via Fotosynthese versorgt er sich aber noch selbst. Nicht allen seiner Wirtspflanzen gefällt das. Manche Art, wie die Margerite zum Beispiel, verholzt sich um die Stelle, wo sich der Klappertopf anwurzelt, der Spitzwegerich lässt dort die Zellen absterben. Viele Gräser aber lassen den Klappertopf wachsen, auch wenn sie deshalb kleiner bleiben, als wenn sie mit niemandem ihre Wurzeln teilen müssten. Vielleicht weil der Klappertopf für die Wiese sehr wichtig ist. Bleibt das Gras klein, können mehr Blumen blühen. Auf Wiesen Klappertopfsamen extra auszusäen, hilft, sie besonders blütenreich wachsen zu lassen. Das freut alle Insekten. Aber auch in den Blüten des Klapptertopfes selbst sind reichlich Hummeln und Bienen unterwegs, verschiedene Schmetterlingsarten und ihre Raupen lieben ihn ebenfalls, und der Klappertopf-Kapselspanner überwintert als Puppe auf dem Klappertopf. Klappertöpfe werden häufig von verschiedenen Kleinstpilzen bewachsen, die von kleinen Insekten gefressen werden, die groß und stark werden und gutes Futter für große Insekten sind, die wiederum den Maulwurf und via Frosch und Maus auch den Storch und den Fuchs ernähren.

es keine Insekten, findet der Wiedehopf nichts zu futtern – und nichts zu füttern für die Küken, genau wie andere Vögel der Wiesenwelten.

Fehlt zum Beispiel das Wiesenschaumkraut im Frühling, fehlt schon der Kickstarter für die Insektenvielfalt. Je mehr Insekten aber vorhanden sind, desto mehr Blüten werden bestäubt, desto mehr Samen und Körner werden reif – Fressen für Feldmäuse oder den Feldhamster, der allein für seinen Wintervorrat ein bis zwei Kilogramm Samen sammelt. Auch Wühlmäuse, Hasen und Frösche fressen sich an und auf der Wiese dick – und werden gefressen von größeren Wiesenbewohnern und -besuchern wie Greifvögeln, Eulen, Füchsen und Störchen. Eine Storchfamilie braucht täglich bis zu fünf Kilogramm Fleisch, und Mama und Papa Storch packen sich alles, was nicht zu klein, nicht zu groß und leicht zu erbeuten ist. Auch einen Maulwurf, wenn er aus seinem Souterrain ans Licht stößt, um Erde aus dem Bau zu werfen. Mit seinen Gängen und Röhren lockert er den Boden und gräbt natürliche Drainagen gegen Staunässe. Er frisst Engerlinge und Schnecken, Regenwürmer und andere Insektenlarven, und je mehr sich oben an der blühenden Pracht dick futtern kann, desto besser geht es ihm da unten.

Solche Wiesen bleiben nicht erhalten, wenn sie einfach nur unter Naturschutz gestellt und sich selbst überlassen werden. Zu viel Nutzung oder zu wenig – beides führt dazu, dass Grünland immer gleichförmiger und artenärmer wird, es immer weniger echte Wiesen gibt. Eine Wiese wie ein Baudenkmal zu behandeln oder wie einen Tiger in den Zoo sperren – das geht nicht. Aber extensive Beweidung oder sachgerechte Wiesenmahd helfen, artenreiches Grünland zu erhalten.

Wiesen entstehen im Austausch mit der Umgebung, eine einzelne Wiese auf weiter Flur ist genau wie das letzte Mammut auf seiner Insel vor der sibirischen Küste (siehe Seite 32). Ein schlechtes Jahr, zu kalt, zu feucht, zu was auch immer, reicht auf unserer geschützten Wiese, um zu verhindern, dass es diese oder jene Art schafft, die Fortpflanzung zu sichern. Damit ist sie für dieses Jahr von dieser Wiese verschwunden. Gibt es im weiten Umkreis keine weitere Wiese, wird im nächsten Jahr kein neuer Vertreter dieser Art von dort auf unsere Wiese einwandern. Das trifft dann die Spezialisten wie die Ameisenbläulinge besonders hart, aber irgendwann können deswegen auch Allerweltsarten wie die Wiesenschaumzikade verschwinden, sogar in einem Naturschutzgebiet.

Nahrungsnetze im Rundblick: mehr Grün, mehr buntes Leben

Grünflächen sind – neben der Landwirtschaft und dem Hausgartengrün – oft auch Stätten der Freizeit: Im Stadtpark oder auf der Sportfläche, im Freibad oder rund um die Schulhöfe, vieles ist grün, das meiste aber Rasen und kaum eine bunte Wiese. Die bessere Bespielbarkeit ist ein oft genannter Grund oder die Angst vor Insektenstichen beim Barfußlaufen. Oder es wird argumentiert: Eine Blumenwiese darf man ja nicht betreten! In der Tat stehen die meisten Wiesen, die es noch gibt, unter Naturschutz und sollten streng geschont werden – weil es ja nur noch so wenige gibt. Wären aber alle Rasenflächen, vom Bolzplatz bis zur Liegewiese, blütenreiche Grünflächen, würden sie weniger gemäht, nie gedüngt, gewässert oder gar mit Pestiziden behandelt – wäre so viel Rücksicht gar nicht nötig. Klar, die Menschen würden auf dem Rasen kicken und picknicken, ihre Hunde toben und pinkeln lassen, es gäbe Stellen, wo kein Gras wächst, und seltene Wiesengesellschaften würden sich auf einer Stadtparkwiese kaum ausbilden. Aber es würden sich lebendige, standortpassende Pflanzengesellschaften einfinden – mit dem Tross an Insekten und anderen Tieren im Gefolge –, mit Sicherheit artenreicher als ein englischer Rasen. Nutzen dürfte man sie durchaus.

Für das Sportfest der Schulen oder für die Fußballvereine mag so eine Wiese tatsächlich zu rumpelig sein, aber auch auf echten Sportflächen lässt sich mit standortgerechtem Saatgut, mit weniger Düngung und Pflege auskommen. Auch der Arbeitsplan kann angepasst werden: Schulrasenflächen müssen während der Ferien nicht turnusgemäß gemäht werden, Randstreifen kann man wachsen und blühen lassen.

Selbst Golfplätze haben Potenzial: Sie sind sehr groß und haben ziemlich abwechslungsreiches Gelände. Die eigentliche Strecke muss gut bespielbar sein, aber in den Kulissen gibt es ungenutzte Wegränder oder feuchte Wiesen, Baumgruppen und wilde Hecken, Sandhügel, kleine Bäche und Teiche. So viele Möglichkeiten für Lebensraumdiversität. Wenn die Golferinnen und Golfer dann mal am Teich an einer Stelle das Ufer ramponieren oder die Hecke zerknicken, weil sie den Ball rausholen müssen, simuliert das nur Großviehgetrampel. Besser das als tote Landschaft.

Kleine Biodiversitätstipps für mehr Grünes und Geblümtes

- Viele private Gärten sind zu klein für eine richtige Blumenwiese. Aber das Stück zwischen Sandkasten, Terrasse, Kompost und Kräuterbeet muss trotzdem kein steriler Rasen bleiben, ohne viel Aufwand wird daraus ein kleines Artenschutzgebiet: nicht mehr düngen und seltener mähen und nur dort, wo Sie Platz brauchen. An den von Hunden und fußballspielenden Kindern gestörten Stellen säen Sie Wildpflanzensaatgut für Blumenrasen aus. Schon sind auch Hummeln, Schwebfliegen und Schmetterlinge da. Und während die gedüngten und kurz geschorenen Rasen im Sommer vertrocknen, bleibt der höher gewachsene Blumenrasen mit seinen Kräutern grün.
- Vorteil eines kleinen Gartens: Zeit und Kondition reichen aus, um den Rasen mit Muskelkraft zu mähen und das Laub mit dem Rechen zu entfernen. Wer aber ein großes Grundstück bewirtschaftet, lässt sich gerne von kraftsparenden Maschinen helfen, ob Heckentrimmer oder elektrischer Rasenmäher. Dann sollten diese aber so eingesetzt werden, dass sie keinen Schaden anrichten, und nur, wenn und wo es unbedingt nötig ist. Denn die Technik macht es verführerisch leicht, den gesamten Garten zu stutzen und zu trimmen, zu striegeln und »ordentlich« zu machen – bis zur letzten Ecke hinter der Hecke, in

die letzte Rückzugsecke kleiner Tiere. Beispiel Mähroboter: Sie können rund um die Uhr laufen, der Rasen ist somit ständig akkurat kurz geschoren. Kaum noch ein Gänseblümchen blüht, geschweige denn andere Blütenpflanzen, die Bienen und Schmetterlingen als Nektarquellen dienen könnten. So verschwinden auch die Plätze für den Insektennachwuchs, denn es gibt keine Stängel und Blätter, um Eier abzulegen oder sich zu verpuppen. Die Roboter mit ihren scharfen Klingen sollten außerdem nur tagsüber und dann unter Aufsicht fahren, sonst sind auch größere Gartenbewohner wie Kröten in Gefahr. Auch Igel sind betroffen: Begegnet ihnen auf der nächtlichen Runde durchs Revier etwas Bedrohliches, kugeln sie sich zusammen – und werden vom Mähroboter verletzt.

- Massentierhaltung ist schlecht fürs Tier, und Kühe produzieren in Massen Methan, das die Erderwärmung weiter anheizt. Auf Fleisch und Milch zu verzichten, scheint der beste Ausweg. Allerdings ist nur die Massentierhaltung schlecht, Kühe und andere Grasfresser an sich sind wichtig für die Biodiversität auf Wiesen. Wer Produkte aus extensiver Weidewirtschaft kauft, tut viel Gutes für den Artenschutz, denn extensive Weidewiesen sind artenreicher als gemähte Flächen und als Intensivgrünland sowieso. Alternative: statt Milch zu kaufen, das Geld an Projekte spenden, die auf Naturschutzflächen aus Auerochsen rückgezüchtete Heckrinder oder andere freilandtaugliche Rinder und Schafe grasen lassen. Einige wenige Tiere auf einem Hektar sind genau das, was jede Wiese braucht und was sich Ameisenbläuling, Aurorafalter und Feldlerche wünschen würden.

Hilfe für den Wiedehopf

Schäfern zu helfen, hilft dem Wiedehopf. Wiedehopfe sind wie schon erwähnt keine Wiesenbrüter, nur Wiesenfresser. Öfter hört man neuerdings von Schäfern und Schäferinnen, die auf ihren Weiden Wiedehopfe beobachten konnten. Das ist ein Segen, aber kein Wunder. Denn eine Schafherde nutzt die Landschaft noch genauso wie seit Tausenden von Jahren. Vögel, Insekten und Pflanzen haben sich darauf uhrwerksartig genau abgestimmt und angepasst. Die Weidetiere ziehen gemächlich grasend durchs Grün und hinterlassen zahlreiche Köttel. In diesen Hinterlassenschaften fühlt sich eine Vielzahl von Insekten wohl, vom Dungkäfer bis zur Fliegenlarve. Sie sind deshalb quasi eine Futterfabrik für insektenhungrige Wiesenvögel.

Aber ein Wiedehopf braucht auch Nistplätze. Einmal gerodete Bäume auf einer Streuobstwiese oder am Wegesrand sind nicht so schnell nachgewachsen wie das Gras und die Blumen. Eine große Hilfe für den Wiedehopf sind deshalb spezielle Nistkästen und Brutröhren, die rund um die Wiesen in Hecken oder Steinhaufen verteilt werden.

Eine große Hilfe für Schäferinnen und Schäfer sind Menschen, die anpacken, solche Nisthilfen zu verteilen. Denn Schafhirten haben einen harten und vollen Arbeitstag. Bauanleitungen lassen sich in Büchern und im Internet finden. Beim Bau, bei der Beschaffung und beim Aufhängen stehen die vor Ort im Vogelschutz aktiven Menschen gerne mit Rat und Tat zur Seite.

► So schön es ist und so natürlich es sich anfühlt, Blumen zu pflücken, statt abgepackte Zuchtrosen aus Übersee zu kaufen: Jede Blume ist ein Lebensraum für einzelne Arten und Teil des großen Ganzen. Für die Artenvielfalt ist jede Blume, die man *nicht* pflückt, das größte Geschenk. Im eigenen Garten dürfen wir ab und zu die Weidetiere imitieren: Ein Rückschnitt im Sommer lässt viele Pflanzen wie Glockenblumen oder Margeriten ein zweites Mal blühen und das freut dann wieder die Insektenwelt.

Der Boden als Maschinenraum: wo Springschwänze ackern

All die Nahrungsnetze haben eins gemeinsam, man kann sie nicht wirklich sehen. Die Nahrungsnetze im Boden sind erst recht ein blinder Fleck. Der Boden ist für uns Trägermasse für Terrassenstühle und Tomaten – und, na gut, Wohnort der nützlichen Regenwürmer. Die Gesamtheit der Lebewesen in diesem Ökosystem ist aber weitgehend unerforscht, viele Lebewesen sind unbenannt, unbekannt und niemand weiß, welche und wie viele es schon nicht mehr gibt und was deren Rolle im Boden war. Auch die beliebten Regenwürmer sind zum Teil noch Unbekannte und ein großer Teil von ihnen ohne deutschen Trivialnamen. Von den Bodenlebewesen, um die man weiß, stehen viele in den Roten Listen gefährdeter Tiere, Pflanzen und Pilze.

Was man aber weiß, ohne sagen zu können, wie genau es funktioniert, ist: Ohne Boden würde es kein höheres Leben auf der Erde geben, er ist die Verteilstation des ökologischen Kreislaufs und Nährstoff-Umschlagplatz. Ohne diese braune, krümelig weiche Schicht gäbe es das alltägliche Leben nicht. Vom Boden hängt nicht viel weniger ab als vom Sonnenlicht. Der Boden stellt die von den oberirdischen Pflanzen aus der Sonnenkraft produzierte Energie sowie die Nährstoffe den Pflanzen zur Verfügung, die dann wieder primär produzieren können, wovon all die anderen Konsumenten leben. Was die oberirdischen Pflanzen bei ihrer Fotosynthese an Energie produzieren, verteilen sie via Pollen, Samen und Biomasse an Tiere und Pilze. Wenn sie sterben, sinken sie zu Boden. Das Gleiche gilt für Exkremente der Tiere. Dort »zersetzt es sich« dann. So sagt man. Und das beschreibt auch sehr anschaulich, wie es aussieht, wie alles so langsam schwindet – und ist doch grundfalsch, denn nichts zersetzt sich einfach so. Denn es *wird* zersetzt. Durch alle, die im Boden leben, und durch alle, die fressen und gefressen werden, verdauen und ausscheiden, was wieder andere fressen. Zuständig dafür sind haufenweise Lebewesen; in einer Handvoll Boden leben oft mehr Organismen als Menschen auf der Erde.

Weil im Boden die Dimensionen ein bisschen andere sind als im Wald oder auf der Wiese, werden auch die Begriffe, die Lebewesen beschreiben, etwas anders genutzt. Zur Megafauna zählen hier zum Beispiel die bis zu zehn Zentimeter großen Hundertfüßer. Das sind grantiggiftige Verwandte der vom organischen Abfall lebenden Tausendfüßer. Sie jagen alles, was ihnen in die Quere kommt, und saugen es aus, von der Milbe bis zum Regenwurm. Hundertfüßer selbst werden kaum von anderen gefressen: Ihre giftigen Sekrete machen sie für viele ungenießbar. Gartenschläfer und andere Bilche fressen sie allerdings, außerdem einige Wanzenarten und auch Ameisen. Und natürlich zählt auch der Regenwurm, der bekannteste und beliebteste unter den Bodenbewohnern, der Laub frisst und Humus ausscheidet und mit seinen Gängen für Belüftung sorgt, zur Megafauna.

Im Boden gibt es auch noch eine XXL-Super-Riesenfauna, auch wenn es diesen Begriff nicht gibt. Sie gehört nicht zum Destruententeam dort unten, sondern wohnt nur dort: Maulwürfe und Wühlmäuse und andere grabende, wühlende Arten. Allerdings beeinflussen sie den Boden durchaus. Sie lüften und lockern im großen Stil, schaffen Wasserabflüsse, fressen einen Teil der Bodenbewohner und in ihrem Fell transportieren sie viele, viele kleine Mikroorgansimen durch ihr mitunter großes Revier hin und her.

Aber zurück zu den kleinen Dimensionen. Nach der Megafauna kommen die Makrofauna, dazu zählen zum Beispiel Engerlinge, Schnecken und verschiedenen Insektenlarven, und dann die Mesofauna, Tiere dieser Gruppe sind zwischen 1 mm bis 1 cm klein. Man kann sie gerade noch so mit bloßem Auge erkennen. Zu Mesofauna gehört unter anderem eines der häufigsten und wichtigsten Tiere der Erde: der Springschwanz. Oder: die Springschwänze. Allein in Europa gibt es rund 1500 Arten, weltweit an die 10 000. Von jeder Art gibt es unzählbar viele Individuen, in ein paar Eimern voll Erde – Bodeneinheit sagt der Fachmann, die 1 m × 1 m × 30 cm beträgt – leben an die 50 000. Nicht alle diese Arten leben im Boden und in den kleinen Poren zwischen den Bodenteilchen. Manche leben auch im Laub, an Baumrinde, in Totholz, auf

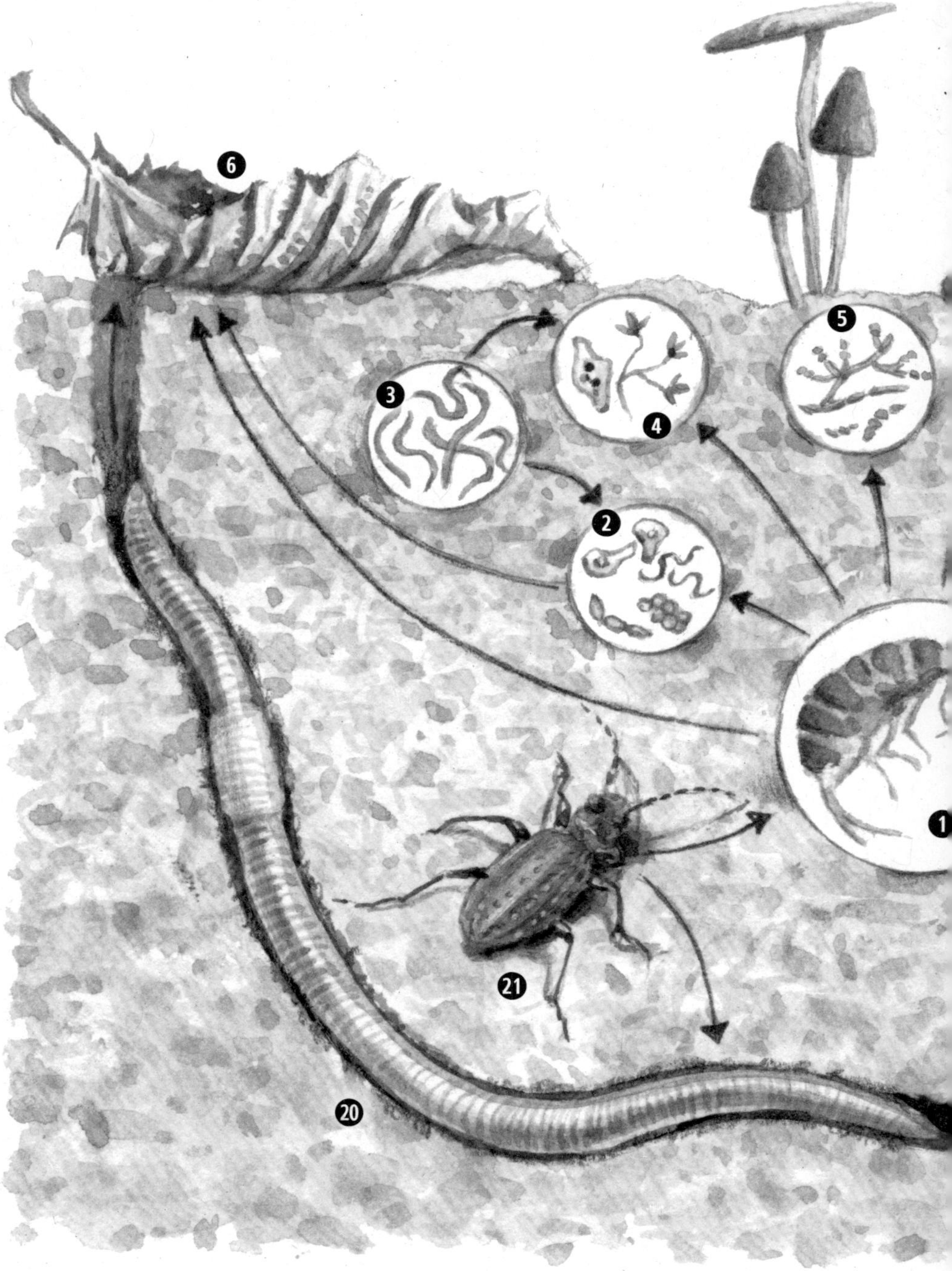
6
5
3
4
2
1
21
20

Fressen und gefressen werden im Boden

① Springschwanz
② Bakterien
③ Fadenwürmer
④ Algen
⑤ Pilze
⑥ Laub
⑦ Kot
⑧ Blattlaus
⑨ Blütenwanze
⑩ Ohrenkneifer
⑪ Trichterspinne
⑫ Toter Käfer
⑬ Pseudoskorpion
⑭ Ameise
⑮ Raubwanze
⑯ Hundertfüßer
⑰ Hornmilbe
⑱ Spinnmilbe
⑲ Raubmilbe
⑳ Regenwurm
㉑ Laufkäfer

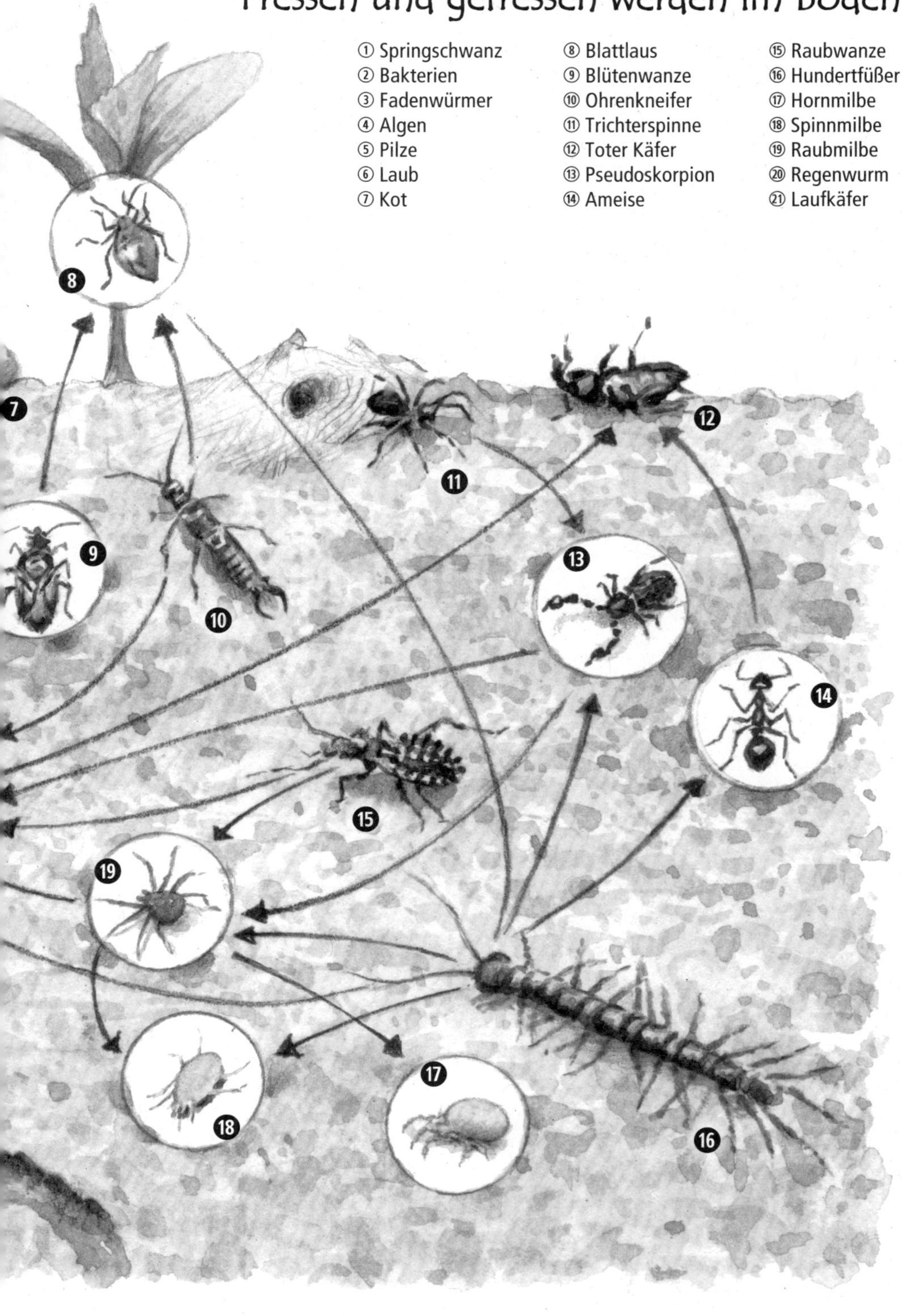

der Wasseroberfläche, an Meeresküsten, auf Gletschern und in Nestern von Ameisen und Termiten. Einige haben einen landläufigen Namen und damit einen Platz in unserer menschlichen Alltagswelt. So zum Beispiel der Luzernefloh, der Gletscherfloh und der Blumentopfspringschwanz. Springschwänze sehen aus, wie sie heißen, eine Mischung aus Garnele und Gazelle. Mit der Sprungzacke am Hintern können sie große Sprünge machen und auch einen Salto schlagen. Ob es Insekten sind, darüber streiten sich die Systematiker, wenn man versiert klingen möchte, sagt man »Collembolen«, denn das ist der Oberbegriff für alle.

Auch beim Fressen sind Springschwänze sehr vielseitig. »Polyphage Detritusfresser« werden sie in der Fachsprache genannt, das heißt übersetzt: Sie fressen alles Mögliche an zerfallender organischer Substanz, manche Arten bevorzugen aber auch spezielle Nahrungsmittel: Exkremente, Aas oder Pollen. Andere weiden Algen oder kleine Bodenorganismen wie Bakterien oder Pilze. Springschwänze werden auch von vielen Lebewesen gefressen: von Würmern, Pseudoskorpionen und Hundertfüßern, von Käfern und Schnecken, Raubwanzen und Raubmilben, Ohrenkneifern, Fliegenlarven, Käferlarven, Käfern, Spinnen, Weberknechten. Das ist ein bisschen schade für den einzelnen Springschwanz, zeigt aber, dass sie nicht nur deshalb wichtig sind, weil sie ähnlich exzellent wie Regenwürmer Nährstoffe recyceln und den Boden verbessern, sondern weil sie ein wichtiger Teil des Nahrungsnetzes im Boden sind.

Raubwanzen wiederum fressen nicht nur Springschwänze, sondern auch Läuse und andere Raubwanzenarten und werden selbst von Raubmilben gefressen. Die wiederum fressen Spinnmilben, deren Eier und Larven, die wiederum an Wurzeln und Blättern saugen. Und Fadenwürmer fressen die kleinen Räuber auch. Diese weißen Würmchen sind auch unter dem Begriff »Nematoden« bekannt. Es gibt viele Arten, sie haben ähnlich wie die Springschwänze je nach Art unterschiedliche Vorlieben für ihren Lebensraum und für ihr Fressen. Manche fressen Wurzeln, manche Pilzgeflechte, manche Trauermücken und Wurzelmilben.

Bodentypen, Bodenarten

Am Anfang war auf der Erde alles wüst und leer, es gab nur Stein und Wasser. Nach und nach machten Wind und Wetter, Frost und Sonne sowie chemische Stoffe, zum Beispiel von Pilzen, aus dem Gestein Brocken und Krümel. Körner unterschiedlicher Größe: kleinste Tonteilchen, gröbere Sandkörner, Gemische daraus wie Lehm oder Schluff. Das nennt man »Bodenart«.

Pflanzenwurzeln, Bodenmikroben und all ihr Fressen und Gefressenwerden bringen organische Substanz in den Boden: Humus. Das ist das, was so schön schwarz unter den Fingernägeln bleibt. Bodenkörner und Humus werden zu sogenannten »Ton-Humus-Komplexen«, aus Pflanzensicht so etwas wie Regale, in denen die Nährstoffe gesammelt und zur Verfügung gestellt werden und wo sich andere dann via Wurzel bedienen können. Je nach Ursprungsgestein, Bewuchs, Klima, Wetter und Nutzung entwickelt sich so eine von oben nach unten typische Schichtung – der Bodentyp. Das Fachgebiet der Bodenkunde hat jede Menge verschiedene Namen dafür: Braunerde, Schwarzerde, Podsol, Plaggenesch sind einige bekannte. In dieser obersten Bodenschicht mischt sich das Gestein des Erdkörpers (der Litosphäre) mit Wasser und Luft, also der Atmosphäre. Und etwas Neues entsteht: die Pedosphäre.

Noch kleiner als die Mesofauna ist die Mikrofauna und -flora des Bodens, nur noch den Bruchteil eines Millimeters groß. Aber die Zahl an Individuen geht in die Billionen – pro Bodeneinheit, wohlgemerkt. Pilze machen einen großen Teil dieser Mikroben aus. Sie haben chemisches Werkzeug, um Nährstoffe aus Biomasse und Mineralien zu lösen, und können diese mit ihren Fasern, den Hyphen, weite Strecken durch den Boden transportieren. Auch Algen haben einen großen Anteil am Bodenleben. Sie ernähren via Fotosynthese Rädertierchen, Geißeltierchen, Bärtierchen und jede Menge weitere Mikroben, die auch von den Pilzen naschen und sich auch gegenseitig auffuttern. Und was beim Fressen und auch nach der Verdauung abfällt, findet auch seine Abnehmer.

Fressen und gefressen werden im Kompost

① Kompostwürmer
② Nacktschnecke
③ Bänderschnecke
④ Amsel
⑤ Spinne
⑥ Hundertfüßer
⑦ Blindschleiche
⑧ Larve des Nashornkäfers
⑨ Maulwurf
⑩ Springschwanz
⑪ Assel
⑫ Fadenwürmer
⑬ Raubmilbe
⑭ Hornmilbe

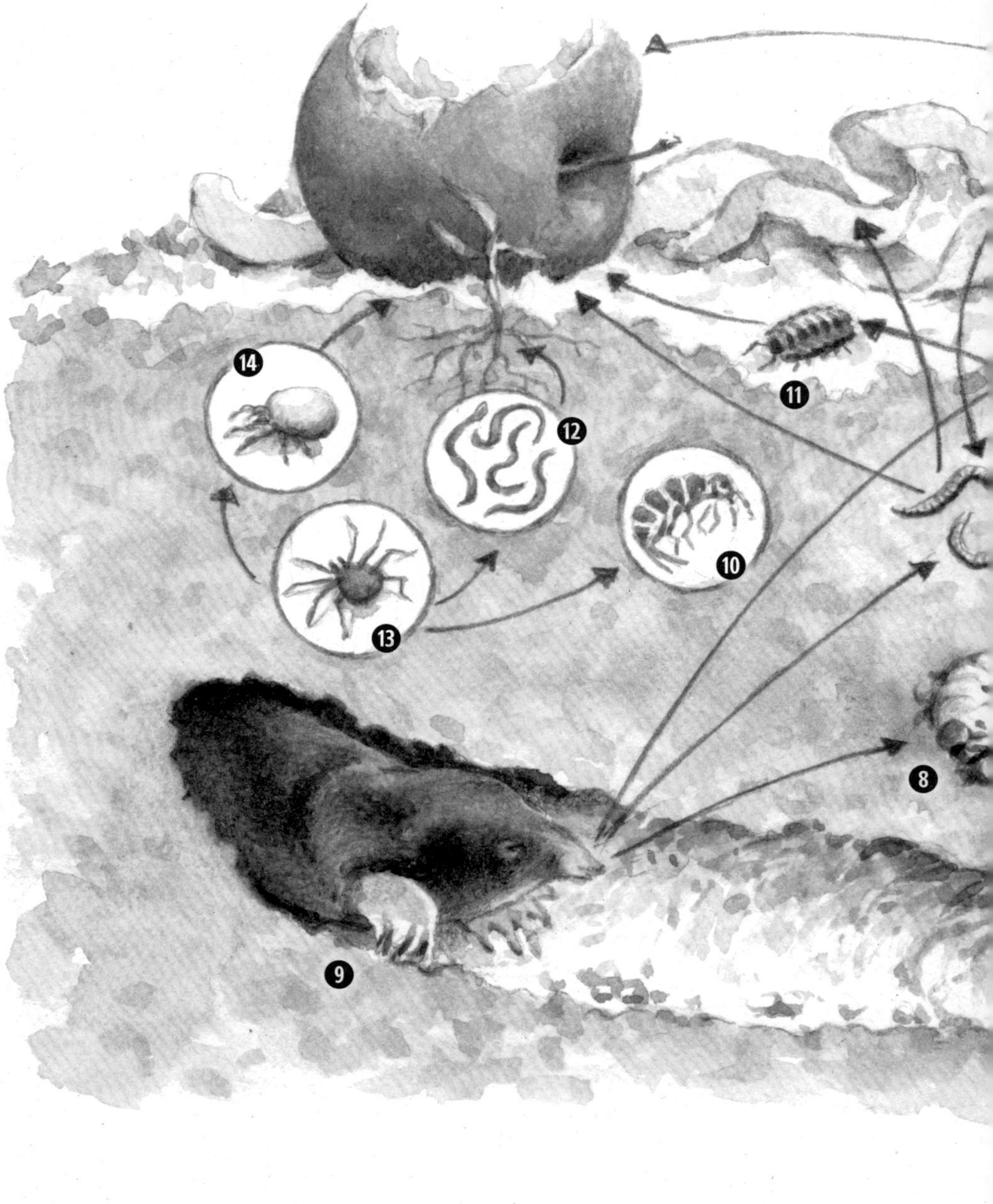

4
2
3
5
6
1
7

Pioniere gefragt

Über allem wächst irgendwann wieder Gras: auch auf Abraumhalden, Chemiewerksgeländen, Industriebrachen voller Schwermetalle. Kein Mensch darf hier bauen, spielen, arbeiten, aber Mikroorganismen im Boden erledigen ihre Arbeit trotz Blei und Cadmium oder Dioxin, zumindest zum Teil. Auch Flechten kommen als sogenannte »Pioniere«, bilden ein bisschen Biomasse, in den feinen Strukturen sammeln sich angewehte Erde und abgestorbene Pflanzenteile. Auf dieser dünnen Schicht können Moose wachsen, noch mehr Biomasse sammelt sich, in Bodenspalten und kleinen Löchern. Ist die Erdschicht einigermaßen dick, kommen Gräser und Blumen, manche Arten können Schwermetalle gut aushalten, beispielsweise bestimmte Grasnelken-Arten, Schaumkresse oder die auch »Kupferblümchen« genannte Frühlings-Miere.

Bald ist eine geschlossene Pflanzendecke vorhanden und dann geht es schnell und schneller, weil exponentiell mehr Humus anfällt, je mehr wächst. Irgendwann wachsen Stauden, Kräuter und Bäume und dann ist bald so viel Boden über der Gifthalde, dass die Pflanzen keinen Kontakt mehr zu den Schadstoffen haben.

Und dann kann wieder alles wachsen.

Wie genau das Zusammenspiel und Ineinandergreifen des Bodenmikrobioms – so heißt das alles zusammen – funktioniert, ist noch vergleichsweise wenig erforscht. Die Abläufe sind eine Art Blackbox und viele Lebewesen kann man nur kaum mit dem Mikroskop erkennen. Was fest steht: Diese dünne Schicht Boden, die unsere Erde überzieht, ist nicht nur ein wichtiger Lebensraum für viele Tiere, die ihn sich selbst erschaffen, sondern ein Zahnrad im gesamten Kreislauf. Wie ein gigantischer Komposthaufen. Ohne den wäre die Erdoberfläche übersät mit Aas, Kot und altem Laub.

Ein Komposthaufen ist für viele Tiere eine Wohngegend wie im Schlaraffenland. Im Kompost treffen wir alle Bodenbewohner: Regenwürmer, Springschwänze, Milben, Käfer, Larven aller Art, Bakterien,

Pilze, Rädertierchen, Algen und andere Einzeller, sie alle sind auf Hochtouren und unermüdlich am Destruieren – am Kompostieren. Auch Blindschleichen und Ringelnattern, Schnecken mit und ohne Haus, Nashornkäferlarven und anderer Käfernachwuchs leben dort; Vögel natürlich und so manches kleine Säugetier. Wenn man verstanden hat, dass hier Destruenten aller Größe zusammenleben und zusammenarbeiten, wird man beim Aufsetzen des Komposthaufens zukünftig auch an all diese Lebewesen denken.

Nahrungsnetze im Rundblick: Auch Müll bietet Lebensraum

Für das, was der heutige Mensch an Abfall produziert, sind die Mengen zu groß, um sie einfach sich selbst zu überlassen oder besser den aas- und restefressenden Tieren und destruierenden Mikroben im Boden. Der Müll wird gesammelt, in Tonnen und auf Deponien, gelagert, verbuddelt, verbrannt. Für viele Tiere ist aber auch das ein gefundenes Fressen. Leicht zu bekommen, leicht bekömmlich, nahrhaft wie Dosenfutter. Füchse stöbern in Mülltonnen, Eichhörnchen in Picknickabfällen, Ratten in Komposthaufen, Wespen und Ameisen in Getränkedosen. Diskret, aber regelmäßig. Und auf großen Deponien geht es zu wie auf dem Wochenmarkt. Tausende Möwen umkreisen kreischend die Halden, besonders in Mitteleuropa. In Spanien und Portugal fressen verwilderte Hunde und streunende Katzen auf den Müllplätzen, in Kanada Eisbären und Wölfe, in China Schweine. Durch afrikanische Abfälle schreiten die Marabus. Mülltiere gibt es auf der ganzen Welt, Hunderte Arten. In erster Linie sitzen Aasfresser und Nahrungsgeneralisten zu Tisch. Singvögel und andere Insektenfresser sind ebenfalls da, um die in der warmen, gärenden Biomasse haufenweise vorkommenden Insekten abzuernten, Greifvögel stellen dem Kleinvieh nach oder – statt hoch oben zu kreisen und zu rütteln, um dann im Sturzflug ein müllmümmelndes Mäuschen zu schlagen – holpern zu Fuß über die Deponie und wühlen selbst nach Hühnerbeinen.

Viele Tiere passen sich der Abfallkultur an: Störche sparen sich den kräfteraubenden Zug nach Süden, das nomadische Opossum wird in der Nähe der Deponien sesshaft. Und manche Polarfuchseltern bringen ihrem Nachwuchs nicht mehr das Jagen bei, sondern zeigen ihm die besten Müllplätze der Umgebung. Mülltiere leben zwar feudal, aber auch nicht ungefährlich. Sie können sich die Füße an Scherben und Dosen zerschneiden oder in einer Getränkepulverbüchse stecken bleiben und ersticken. Weißstörche verwechseln immer mal wieder Klärschlammbecken mit Sumpfgebieten und damit mit guten Landeplätzen und ertrinken. New Yorker Waschbären wiegen bereits vier bis fünf Mal so viel wie solche in der freien Wildbahn und sind damit deutlich adipös. So manches Tier vergiftet sich: Um Dachse oder Füchse in die ewigen Jagdgründe zu schicken, braucht es keine alten Batterien – eine gute Portion Pralinen reicht, denn sie vertragen das im Kakao enthaltene Theobromin nicht.

Seit es Pflicht ist, den Müll zu sortieren, abzudecken, zu verbrennen und nicht mehr einfach offen zu lagern, ist es hierzulande nicht mehr so offensichtlich. Aber auch durch die modernsten Anlagen huschen Ratten. In den noch dampfenden Schlackebergen der Müllverbrennungsanlagen picken Scharen von Krähen und wenn der Müll mal zwischengelagert werden muss, sind Störche sogleich zur Stelle. Raben reißen die ordentlich verschnürten gelben Säcke auf. Möwen merken sich die Termine der Müllabfuhr und fressen die Frühstücksreste gleich vom anliefernden LKW.

Aber zurück zum Boden, der mehr ist als nur Trägermasse und mehr als nur ein Kompostwerk. Frei nach Kennedy sollten wir uns nicht fragen, was der Boden für uns tun kann; denn er tut weit mehr als wir wissen. Sondern wir sollten uns fragen, was wir für den Boden tun können. Wenn wir uns ihn als das Lebewesen, das er im Grunde ist, vorstellen, ist die Antwort ganz einfach: ihn möglichst wenig zubetonieren und pflastern, zerbuddeln und zerwühlen, mit Giften, Streusalz und schweren Maschinen traktieren, ihn nicht nackt ohne Bewuchs Wind und Wetter aussetzen oder mit Unkrautvlies und Folie bedecken.

Kleine Biodiversitätstipps, damit es im Boden wie am Fließband läuft

- Wer dem Gartenboden Gutes tun will, spendiert ihm rund ums Jahr eine Schutzschicht über dem Kopf. Ob Bodendecker oder Gründünger wie Buchweizen, Klee oder Bienenfreund, das ist egal. Sie können auch einfach die aufkeimenden Wildpflanzen stehen lassen. Wem das zu unordentlich ist, mulcht. Hauptsache, der Boden ist nie nackt und alle, die in ihm wohnen, sind vor zu großer Hitze, Kälte, Nässe und auch Trockenheit geschützt. Und: nicht umgraben, sondern nur lockern. Sonst bringen Sie mit einem Spatenstich die höchst systematisch, uhrwerksartig zusammenarbeitende Lebensgemeinschaft völlig durcheinander.
- Alles, was kompostierbar ist, kann auch als Mulch verwendet werden: Laub, Staudenschnitt, Mähgut, Gründünger, gejätete Pflanzen ohne Samen oder Wurzelausläufer. Damit wird der Boden nicht nur bedeckt, sondern auch mit Nährstoffen angereichert. Am besten bleibt es gleich an Ort und Stelle: Erntereste auf dem Gemüsebeet, Laub unter den Sträuchern. Gemulcht wird bis zu einer maximalen Höhe von drei Zentimetern. Gemeinsam mit dem Trupp an Bodenorganismen sorgen Regenwürmer dafür, dass das Pflanzenmaterial zerkleinert wird und neue Nährstoffe für das Pflanzenwachstum frei werden.
- Im Garten düngen Sie am besten mit Kompost oder mit anderen organischen Düngern wie zum Beispiel Wollpellets. Auf die landläufig als Kunstdünger bezeichneten mineralischen Dünger, also Flüssigdünger oder Stickstoffkügelchen zum Streuen, verzichtet man besser. Die Blumen und das Gemüse bekommen damit zwar die Nährstoffe quasi via Aufbauspritze, aber die Bodenlebewesen bekommen kein Futter und damit auch nichts, woraus sie Humus bilden können. Gespeichert von den Nährstoffen wird nichts. Was die Pflanzen nicht unmittelbar aufnehmen, landet im Grundwasser.
- Kein Gift gegen bestimmte Pflanzen oder Tiere. Gift vernichtet nicht nur das jeweilige Zielobjekt, sondern bringt auch den Bodenlebewesen Schaden und Tod.

Beete und Rabatten: Dicke Läuse und Dicke Bohnen sind ein gutes Team

Wer einen Garten hat, kennt vielleicht dieses Herbstgefühl: Die Sonne scheint, die Farben sind bunt und man hat reich geerntet. Einige Blumen blühen noch, im Spinnennetz funkelt der Tau in der Sonne. Ein Anblick, der zufrieden macht. Dafür hat sich die Mühe doch gelohnt, das Säen und Gießen, und, das wird so mancher denken, auch der Kampf gegen Schnecken und Blattläuse. Wenn Sie dieses Buch vom Anfang bis hierher gelesen haben, werden Sie wissen oder zumindest ahnen, dass die Geschichte so nicht stimmt. Und dass die Spinne im funkelnden Netz mehr ist als ein stimmungsvolles Fotomotiv, sondern eine der Strippenzieher im unsichtbaren Netz unseres Gartens.

In alten Geschichten sind Spinnen weise Frauen, die Weberinnen der Zeit, der Schicksalsfäden. Modern betrachtet, könnte man sie auch als Überfrauen und Übermütter bezeichnen, die erst ihren Mann fressen, nachdem der seine Schuldigkeit getan hat, und sich dann noch von ihren Kindern vor lauter Fürsorge auffressen lassen. Vielleicht ist das der Grund, warum Spinnen in unseren patriarchalen Zeiten ein so schlechtes Image haben? Das ist natürlich nur eine Theorie, aber sie zu erzählen, belebt jede zähe Gender-Diskussion. Einfach mal ausprobieren. Ich mache das regelmäßig und habe so anschließend Gelegenheit, das Thema auf Natur, Garten und Artenschutz zu lenken.

Spannender an Spinnen ist zum Beispiel ihr Insektenhunger. Alle Spinnen auf der Welt fressen im Jahr zusammen zwischen 400 und 800 Millionen Tonnen Insekten und andere Kleinsttiere, eine einzige Kreuzspinne von noch nicht mal einem Gramm etwa knapp 20 Gramm Insekten pro Saison. Fängt sich mehr in ihrem Netz, als sie fressen kann, wird die Beute trotzdem eingesponnen und als Vorrat angelegt.

So sind schon einige lästige Wespen weg, die nicht mehr beim Pflaumenkuchenessen stören. Aber auch Hummeln, Bienen, Fliegen, Schwebfliegen, Libellen, Schmetterlinge und Heuschrecken frisst eine Kreuzspinne gerne.

Spinnentiere im Haus

Anders als draußen im Garten, ist das Spinnennetz im Haus kein beliebtes Fotomotiv. Und Spinnen mögen wir dort schon mal gar nicht. In den Netzen hängen die Staubfäden und die Gefühle gegenüber den Bewohnerinnen reichen von Abwehr bis Angst. Eine wirkliche Phobie haben zwar nur wenige, aber die meisten Menschen finden Spinnen eklig oder zumindest hässlich. Warum, darüber rätselt die Wissenschaft, denn wirklich gefährlich sind Spinnen in unseren Breiten nicht. Vielleicht, weil sie seit Jahrhunderten negativ dargestellt und mit Pest, Krankheit, Tod und Teufel assoziiert werden? Ein neuer Blick auf diese Tiere wäre auch hier gut.

Spinnen sind prima Mückenfänger, wer die Netze in den Fensterecken lässt, wird im Sommer weniger gestochen. Auch lästige Stubenfliegen hat man dann kaum; und die Wolken von Fruchtfliegen verfangen sich in den Netzen genauso wie der Staub. Die Netze hängen zu lassen, ist also nicht nur zeitsparend, sondern auch sehr praktisch. Dass die Spinnen überhand nehmen, wenn man sie lässt, ist ein Trugschluss. Erstens gibt es pro Haushalt nur eine bestimmte Menge guter Netz- und Nistplätze, und die sind und bleiben besetzt. Am Ende des Sommers sterben außerdem die meisten Arten ab, weil sie nach dem Eierlegen ihren Job erledigt haben oder weil es vor allem im Winter zu warm im Haus ist. Mit Beginn der Heizperiode sinkt die Luftfeuchtigkeit und die Spinnen vertrocknen. Oder sie verhungern, weil sie keine herumschwirrenden Insekten finden.

Wer eine Spinne unbedingt loswerden will, sollte das tun, ohne sie einzusaugen oder im Taschentuch zu zerquetschen! Stülpen Sie einfach ein Glas über sie und schieben Sie ein Stück Papier von unten als Deckel darunter. Es gibt auch richtige Spinnenfanggeräte, mit Griff und Schiebevorrichtung. Und dann raus mit dem Tier. Vielleicht findet es unter der losen Rinde abgestorbener Bäume oder unter Moosen und Steinen einen neuen Unterschlupf. Je nach Temperatur könnte der Transport ins Freie zwar für die Spinne das Todesurteil sein. Aber dann kann ihr Körper als organisches Material noch anderen Arten als Nahrung dienen.

Fressen und gefressen werden im Gemüse- und Blumenbeet

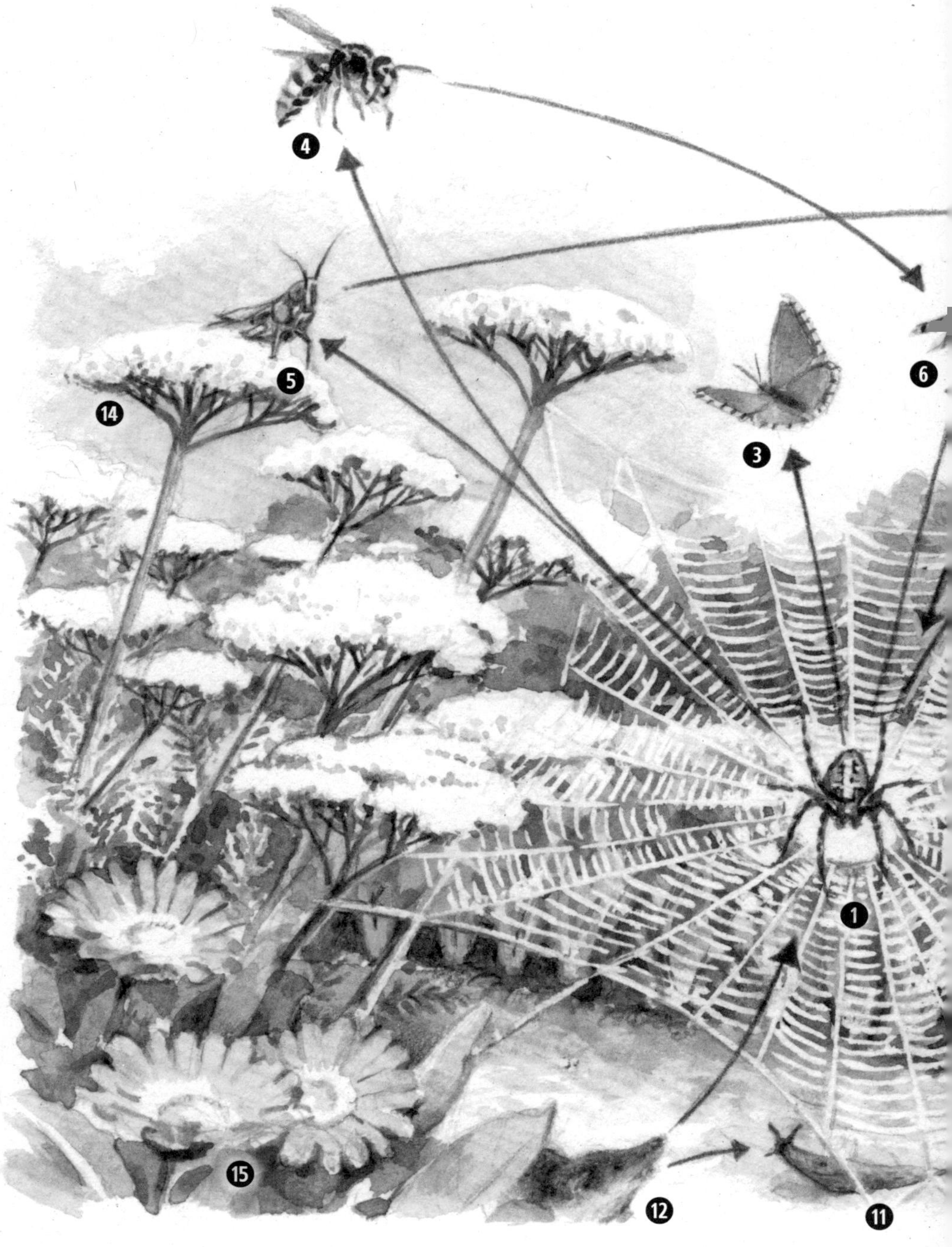

① Garten-Kreuzspinne
② Hummel
③ Bläuling
④ Wespe
⑤ Heuschrecke
⑥ Schwebfliege
⑦ Zaunkönig
⑧ Blattlaus
⑨ Marienkäfer
⑩ Dicke Bohne
⑪ Nacktschnecke
⑫ Spitzmaus
⑬ Mariendistel
⑭ Goldgarbe
⑮ Ringelblume

Geheimnisvolle Knöllchen

Gründüngung müsste eigentlich Bakteriendüngung heißen. Die landläufig »Knöllchenbakterien« genannten verschiedenen Rhizobien-Stämme an den Wurzeln der Gründüngerpflanzen machen die eigentliche Arbeit. Wer Bohnen, Erbsen oder auch Wicken und Klee und alles, was unter dem Begriff Leguminose oder Hülsenfrucht oder Schmetterlingsblütler firmiert, samt Wurzel aus der Erde zieht, kann an den Wurzeln kleine Knöllchen entdecken. Das sind die Häuser der Rhizobien, gebaut von der Pflanze, der, als sie noch ein Keimling war, die Bakterien per Biochemie Avancen gemacht haben, sie in die Wurzeln einzulassen. Die Wurzeln reagieren mit verstärkter Zellteilung. Die Knöllchen bilden sich, in denen die Rhizobien leben, sich vermehren – und den für Pflanzen unbrauchbaren Luftstickstoff verstoffwechseln und in eine chemische Form umwandeln, in der die Pflanze diesen wichtigen Wachstumsnährstoff aufnehmen kann. Sie müsste sich diesen sonst mühsam aus den Stickstoffverbindungen im Boden heraussammeln. Mit kleinen Stickstoffproduzenten in den Wurzeln wächst es sich also ungleich besser.

Ist der Sommer um und die Pflanze verwelkt, dann werden die stickstoffhaltigen Pflanzenteile zersetzt und düngen so den Boden. Die Rhizobien verlassen ihre Knöllchenwohnungen und suchen sich im Frühling neue Wurzeln.

Vieles an diesem Geben und Nehmen ist noch unklar und nicht erforscht. Wie genau funktioniert das Anlocken und Andocken? Wie kommunizieren Pflanze und Bakterien miteinander? Wer bekommt wie viel Stickstoff gegen wie viel Zucker? Warum bilden sich in gut versorgter Erde weniger Knöllchen – und in mineralisch gedüngter Erde gar keine? Und welche Mikroben im Boden außer den Rhizobien gibt es wohl noch, die so existenzielle Dinge als Aufgabe im Nahrungsnetz haben, die wir vielleicht gar nicht kennen, weil sie nicht so offensichtliche Knöllchen bilden? Die wir nicht kennen, aber mit Gift überschüttet und mit Dünger aus dem Takt gebracht haben, ohne es zu ahnen? Wer weiß …

Spinnen sind nicht nur Konsumenten, sondern auch Produzenten und außerdem Nahrung für Sekundärkonsumenten. Sie haben erstens eine gesegnete Verdauung und produzieren kleine flüssige Dungkleckse wie am Fließband, für manche Mini-Mikroben in genau der richtigen Konsistenz und Portionsgröße. Und ihr weicher, eiweißhaltiger Körper ist ein Leckerbissen für viele Tiere. Vor allem für Vögel: Warum den kleinen Küken sperrige Chitinpanzer und splittrige Libellenflügel in den Schlund stopfen, wenn man doch auch eine fette, weiche Spinne reinflutschen lassen kann? Meisen und Zaunkönige jedenfalls füttern ihre Brut gerne mit kleinen weichen Jungspinnen, größere Vögel nehmen auch größere Exemplare. Auch Fledermausarten pflücken die eiweißhaltigen Tierchen im Tiefflug von den Blumen und aus den Netzen. Erdkröten und Spitzmäuse fressen ebenfalls Spinnen; und die mit Spinnen gut gefütterten Tiere sind wiederum fette Beute für Greifvögel. Dicken Kröten werden zudem vom Reiher oder von der Ringelnatter verspeist.

Und was fressen die Spinnen noch? Hier kommen die Blattläuse ins Spiel, die natürlich schon längst da sind. Oder jetzt im Herbst schon wieder weg, nur noch ihre Eier sind übrig geblieben, sie verschlafen den Winter an Büschen und Bäumen, zum Beispiel an Weißdorn oder am knallpink-orangefarbenen Pfaffenhütchen. Früh im Jahr schlüpfen die ersten Läuse, fliegen los, auf Rosen und Holunder, auf Mohn und Margeriten, auf Rüben und Kartoffeln. Die schwarze Bohnenlaus fliegt gerne auf die Dicken Bohnen, die dann teilweise schwarz vor Läusen sind. Dieses Bild habe ich besonders aus meiner Kindheit noch vor Augen. Vielleicht weil meine Mutter mit allem, was sie als Ungeziefer bezeichnete, recht kurzen Prozess machte, aber bei den dicken Schichten Läuse auf den Bohnen aufstecken musste. Die Hülsenfrüchte haben keinen erkennbaren Schaden davon getragen, in meiner Erinnerung musste ich oft helfen, die kleinen grünen Kerne aus den fluffig flauschigen Samenschoten zu pulen, und es gab sie ebenso reichlich zum Mittagessen.

An den Dicken Bohnen hat mich in meiner Erinnerung auch noch fasziniert, dass die abgeernteten Pflanzen einfach liegen blieben. Auch das war sonst auf den Beeten bei uns zu Hause nicht üblich. Nackte Erde um die Pflanzen, ohne jegliches »Unkraut«, das war der eigentliche Maßstab. Damals dachte ich, ich wäre einer großen Sache auf der Spur, dem Perpetuum mobile des Gemüsegärtnerns. Ernten ohne Arbeiten. Mittlerweile erwachsen, weiß ich natürlich, dass es ein altbekanntes Prinzip der Gründüngung ist.

Aber zurück zu den Blattläusen: Diese konsumieren per Saugrüsselchen einen Teil des stickstoffreichen und zuckerhaltigen Pflanzensafts. Zucker kann die Blattlaus aber eigentlich nicht gebrauchen, denn sie ist für ihr Wachstum und fürs Vermehren viel stärker an den Eiweißen interessiert. Deshalb produziert sie nicht nur ihre eigene Biomasse, sondern reichlich Honigtau. Das ist das, was hinten rauskommt, klebriges, zuckriges Blattlauspipi. Ameisen, aber auch andere Insekten, sind ganz scharf darauf. Auch die kleinen, eiweißreichen Blattläuschen selbst stehen bei unzähligen Tieren – Marienkäfern, Ohrenkneifern, Florfliegen oder Schwebfliegenlarven – auf der Nahrungsliste. Auch bei Vögeln und bei Spinnen. Deshalb: Hände weg, wenn die ersten Blattläuse kommen. Sie sind Insektenfutter und Babynahrung für Vögel und für Spinnen. So groß die Kreuzspinne jetzt im Herbst dort in ihrem Netz sitzt – im Frühling war sie stecknadelkopfklein. Spinnenkinder können noch keine Wespen oder Heuschrecken fangen. Da sind gerade mal Blattläuschen drin.

Nahrungsnetze im Rundblick: von der Sammlerin zur Agraringenieurin

Dieser Rundblick wird ein Rückblick, in die Zeit, als Essenbeschaffen für nahezu alle Menschen das Tagewerk war. Beeren pflücken und Nüsse sammeln, Eier suchen, Enten jagen. Nach dem Ende der letzten Eiszeit begannen Menschen, sesshaft zu werden. Sie förderten gezielt die Pflanzen, die sie gerne aßen. Rund 7000 Jahre vor unserer Zeit wurden die ersten Ackergeräte genutzt, man wusste schon früh um Gründüngung und den Segen von Stallmist. Manche Menschen machten lange Wanderungen, um Samen für Feldfrüchte und Know-how zu tauschen. So tauschten sich auch die typischen Arten der Ackerbegleitflora und -fauna aus: Kornblumen, Klatschmohn und Feldhamster. Auch im Mittelalter waren noch fast alle Menschen Bauern und Bäuerinnen. Stand der Technik war Fruchtfolge und Dreifelderwirtschaft mit Zwischenbrache und Gründüngung. Mehr und mehr Städte wurden immer größer, immer weniger Bauern produzierten rein für den eigenen Bedarf, sondern auch für all die Menschen, die anderen Berufen nachgingen. Trotzdem: Einen kleinen Garten hatten fast alle noch. Diesen nur mit Blumen, also mit Nichtessbarem zu bepflanzen, ist ein Luxus, den wir uns noch nicht lange leisten. Dass Obst und Gemüse mitten in der Stadt angebaut werden, ist nicht neu, auch wenn neue Bewegungen wie Urban Gardening oder Essbare Städte dies vermuten lassen. Auf mittelalterlichen Stadtplänen überwiegt das Gartenland die bebaute Fläche, und auch nach der Industrialisierung gab es nicht nur Mietskasernen, sondern auch Arbeiterwohnungen mit Gärten für Gemüse und Platz für Hühner.

Nach dem Ende des Zweiten Weltkrieges wurden dann auch die Bauern immer spezialisierter: Synthetischer Stickstoffdünger kam groß raus, immer neue und immer größere Maschinen wurden erfunden, vom Mähdrescher bis zur Gurkenerntemaschine. Massentierhaltung, Pestizide und Hybrid-Saatgut wurden Standard. Für diese geballte Effizienz braucht es großflächig befahrbare Felder. Abwechslungsreiche Ackerraine, offene Uferbereiche, Wiesen, Wäldchen und Hecken verschwanden, kleine Höfe ebenfalls.

Hierzulande sind noch rund zwei Prozent der Menschen Landwirte und Landwirtinnen, aber rund die Hälfte der Fläche unseres Landes wird landwirtschaftlich genutzt. Die Art, wie Landwirtschaft betrieben wird, hat schon wegen der schieren Fläche großen Einfluss auf die Artenvielfalt, bei uns und überall auf der Welt. Und alle Nichtlandwirte wie ich – und Sie vermutlich – können durch das Konsumverhalten Einfluss darauf nehmen. Weniger Fleisch zu essen, ist einer der Ansatzpunkte. Weltweit wird ein Drittel der Getreideernte an Tiere verfüttert. Bis zu 90 Prozent der Nahrungskalorien gehen dabei verloren, weil die Tiere sie zum Aufbau der eigenen Körpersubstanz benötigen. Würden wir direkt die Pflanzen essen und die Nahrungskalorien nicht über den Umweg über Schwein, Kuh oder Huhn zu uns nehmen, dann würden von der gleichen Ackerfläche viel mehr Menschen satt. Oder es müsste nur noch ein Bruchteil der Anbaufläche so intensiv als Ackerland genutzt werden – und würde damit nicht als Raum für die Entfaltung der Nahrungsnetze ausfallen.

Kleine Biodiversitätstipps für bunte Beete aller Art

- In unseren Gärten und Parks wachsen viele Blumen, gepflanzt und gesät in erster Linie als Augenschmaus für die Menschen und neuerdings als bunter Streifen zur Rettung der Bienen. Wichtig ist immer, heimische Pflanzen mit ungefüllten Blüten zu wählen, nur darin lassen sich Nektarsucher nieder. Und nur dann wird daraus ein Insekten-Buffet voller Grün, Blüten, Pollen, Nektar und Samenkernen. Daraus wird dann ein Buffet voller Insekten für Herbivorenfresser. Unsere Kreuzspinne zum Beispiel kann zwar an Halmen jeglicher Art ihr Netz aufspannen. Es nützt ihr nur nichts, wenn keiner vorbeikommt, den sie darin fangen kann. Ganz einfach geht es zum Beispiel, wenn man auch wachsen lässt, was von alleine kommt, unter anderem sind das fast immer Disteln. Ihre Blüten locken zahlreiche Futterinteressenten an und ihr hoher kräftiger Wuchs ist ideal, um große Spinnennetze halten zu können.
- Distelblüten sind eine üppige Nahrungsquelle für Hummeln und Bienen, Käfer und Schmetterlinge. Die fluffigen Flugsamen mögen vor allem Vögel wie der Distelfink, an den Distelblättern fressen Schmetterlingsraupen. Die meisten Arten säen sich selbst aus, besondere Pflege brauchen sie nicht. Es gibt so viele Arten, dass allein Disteln einen Garten bunt und blühend gestalten und die Tierwelt glücklich machen könnten. Auch im Winter sehen sie mit ihren hübschen Samenständen noch schön aus und die dicken Stängel bieten

Unterschlupf für Käfer und andere Insekten. Deshalb bitte mindestens bis zum Frühjahr stehen lassen!

- Im öffentlichen Grün stehen oft Ordnungsanspruch und Dienstpläne mehr Wildnis und Vielfalt entgegen. Die Rabatten sind geschniegelt, die Bepflanzung wird regelmäßig abgeräumt und ausgetauscht, Hecken werden reihum kurz gesäbelt und von Zwischenwuchs befreit, Totholz wird entfernt. Im eigenen Garten aber kann jeder und jede das Beste fürs Nahrungsnetz machen. Beispielsweise Unterwuchs und Stauden stehen lassen, wenn sie verblüht sind, zumindest einen Teil. Damit im Frühjahr das neue Leben schlüpfen kann. Viele Spinnen zum Beispiel legen ihre Eier in einen Kokon und heften ihn an einer ihnen geeignet scheinenden Stelle an, wo er den Winter verbringt, damit im Frühling die kleinen Jungspinnen schlüpfen können. Auch viele Insekten und andere Krabbeltiere überwintern so, als Ei im Laub, als Larve oder Puppe. Bewegungslos und unfähig, zu fliehen. Je nach Blume sieht das sogar sehr schön aus: Goldgarben und Fetthennen sind auch im verblühten Zustand sehr dekorativ. Sie schmücken sich im Herbst mit Tauperlen und im Winter mit Raureif.
- Wer beim Gemüseanbau auf Mischkultur setzt, kann so etwas wie Fruchtfolgeregeln und Pflanzenkrankheiten meist getrost vergessen. Vielfalt im Beet, statt alles in Reih und Glied und mit viel nackter Erde anzubauen, macht für die Pflanzen alles viel schöner. Tiefwurzler wie Mangold teilen sich den Platz mit Radieschen oder Radicchio, die eher im oberen Boden zu Hause sind. Dünner Porree füllt den Platz zwischen den dicken Sellerieknollen, Kartoffeln und Dicke Bohnen wachsen gut zusammen, Dill mag Gurken. Kürbis streckt seine Ranken dorthin, wo Platz und Sonne sind, Erbsen und Bohnen können sich auch an Zuckermaisstängel anlehnen und eine Wurzelpetersilie passt überall noch rein.
- Viele Gründüngerpflanzen sind nützlich und sehen auch noch wunderschön aus. Sonnenblumen zum Beispiel: Sie produzieren nicht nur Vogelfutter, sie wurzeln tief und lockern so den Boden wieder auf. Ebenso Borretsch, der mit seinen blauen Sternchenblüten

Hummeln aller Arten glücklich macht. Wicken und Lupinen sind klassische Bauerngartenblumen – und Leguminosen mit Knöllchenbakterien. Ringelblumen, Tagetes und Kapuzinerkresse blühen nicht nur schön, sondern schützen auch die Gemüsepflanzen. Schnöder Raps, gemischt mit verschiedenen Kleesorten, ist nicht nur Bienenweide, sondern auch ein Augenschmaus: gelb, weiß, lila, dazu das knallige Rot des Inkarnatklees und der gelbe Steinklee. Besonders dieser ist ein patenter Gartenhelfer, sammelt Stickstoff für alle, die nach ihm kommen, lockert mit seinen Pfahlwurzeln den Boden und lockt Bienen, Schwebfliegen und Schmetterlinge an. Bläulinge scheinen ihn besonders zu mögen. Wer eine bunte Mischung aus Gründüngerpflanzen sät, hat viel weniger Arbeit und kann sich über eine bunte Pflanzenpracht und Insekten aller Art freuen. Und wo viele Bestäuber sind, da sind auch kleine Räuber. Spinnen und insektivore Heuschreckenarten fühlen sich in diesen lockeren Beständen recht wohl. Und nicht zuletzt finden viele Vögel hier etwas zu fressen.

Wege der Vielfalt: Ameisenstraßen bringen Biodiversität

Wir Menschen, aber auch verschiedene Tiere haben Wege, Straßen, Trampelpfade. Mittel zum Zweck, um von A nach B zu kommen. Für andere Arten, Pflanzen vor allem, ist ein Stück dieses Wegs das ganze Universum, ein ganz feines, vielfältiges, biodiverses. Denn Wege haben Saumstrukturen, bilden Grenzbereiche, etwas anderes verglichen mit der Landschaft, durch die sie führen: Führt ein Weg am Wald entlang und grenzt auf der gegenüberliegenden Seite an eine Wiese, verzahnen sich beide Bereiche zu etwas Neuem.

Verwunderlich ist, dass es manchen Pflanzenarten erst dort so richtig gefällt, wo alle Welt entlangläuft, trampelt und sich erleichtert. Hier wächst alles, was viel aushält, schnell wächst und mit Pfoten, Hufen, Schuhen, Rädern und Regenwasser seine Samen verbreiten lässt. Viele Pflanzen, die an Wegen wachsen, tragen Namen, die zu ihnen passen, seit der Mensch sie benennt: Wegerich ist ein Beispiel. Der Breitwegerich und sein Bruder Spitzwegerich. Dass die beiden was aushalten, merkt man schon, wenn man an den Blättern zieht, breit und rund die des einen, länger, spitzer die des anderen. Lange Fasern halten das Blatt wie mit Nylonfäden fest zusammen und auch die braun-weiß-schwarzen Blüten stehen auf zähen Stielen. Seine Samen heften sich bei Feuchtigkeit an Füße und Pfoten, so kommt er überall hin, wo jemand geht. Auch die Gewöhnliche Wegwarte heißt so, weil sie oft des Weges kommt. Sie ist recht unempfindlich, was Nährstoffe und Salz angeht, und hält auch Hunde-Urin und den Winterdienst gut aus.

Wo Pflanzen sind, kommen auch die Tiere. Die Körbchenblüten der Wegwarte dienen vielen Insekten als Pollenlieferanten. Einige Hosenbienenarten – die so heißen, weil ihre Beine behaart sind und deshalb behost aussehen – fressen nur an Wegwarten. Sie teilen mit ihrer Nahrungspflanze auch die Vorliebe für den Lebensraum. Die Weibchen graben ein Nest in den Boden. Locker bewachsene Erdstellen – wie es sie am Rand eines unbewachsenen Weges zahlreich gibt – mögen sie

Fressen und gefressen werden auf den Wegen

① Grünspecht
② Ameise
③ Blattläuse
④ Schwebfliege
⑤ Laufkäfer
⑥ Habicht
⑦ Kohlmeise
⑧ Hauhechel-Bläuling
⑨ Hornklee
⑩ Raupe
⑪ Wegmalve
⑫ Feuerwanze

7
8
9
10
11
12

am liebsten. Auch die Karden-Sonneneule, entgegen ihrem Namen ein Nachtfalter, ist unter anderem auf die Wegwarte angewiesen, vor allem ihre Raupen mögen die Blätter.

Dann gibt es noch die Wegmalve, die kleine zartlila blühende Schwester der Wilden Malve, verwandt mit der Stockrose. Langhornbienen sind auf Malven angewiesen, zumindest die Malven-Langhornbiene. Sie hat sehr lange Fühler, daran kann man sie erkennen, ist aber recht scheu. Auch Malven-Langhornbienen brauchen lockeren Boden entlang des Weges, um dort Nestlöcher für ihre Eier zu bohren.

Wer Malven noch mag: die Malven-Spitzmaus. Dieser niedliche, aber irreführende Name gehört zu einem Rüsselkäfer, der seine Eier in die Samen legt. Die kleinen Larven fressen sich dann von innen heraus hindurch und als fertige Käfer futtern sie an den Blättern weiter. Oder der Malven-Dickkopffalter, der seine Raupen an den Blättern groß werden lässt. Natürlich wachsen entlang des Weges auch viele Pflanzen, die nicht den Weg im Namen tragen: Klee, Kamille und Kornblume, Disteln oder Brennnesseln. Auch sie alle haben ihre Insekten und Spezialisten im Schlepptau, und manche von ihnen haben auch noch mehr Spezialeigenschaften im Programm. Der Hauhechel-Bläuling zum Beispiel legt seine Eier an Hornklee ab oder – deswegen der Name – an Hauhechel-Arten. Nach ein paar Tagen schlüpfen kleine, grüne Raupen, die dort relativ sicher sind. Mit dem Auge sind sie schwer zu erkennen. Gegenüber Tieren, die auf chemische Signale achten und denen Tarnfarbe egal ist, wie Ameisen zum Beispiel, wissen sie sich auch zu helfen: Sie produzieren eine Art Honigtau, damit kann man Ameisen immer milde stimmen. Sie fressen dann das Süße statt der Raupen.

In und auf den Kräutern und Blumen entlang des Weges tummeln sich auch viele Allerweltsinsekten wie Läuse und Wanzen. Aber auch Grashüpfer und Grillen lieben diese lichten, offenen Lebensräume. Wenn es blüht, sind Bienen, Hummeln und

Schwebfliegen reichlich unterwegs und bestäuben alles eifrigst. Dieses Gesumme und Gebrumme lockt dann Kohlmeisen und andere Singvögel an, Insekten für ihre Brut zu jagen.

Wer sich für ein paar Minuten am Wegesrand niederlässt, sieht noch mehr: Feuerwanzen ernähren sich gerne von den Früchten und Säften der Malven und wenn es sonnig ist, kann man sie zuhauf herumkrabbeln sehen. Die Feuerwanzen selber werden kaum gefressen, allenfalls deren Larven und Eier. Laufkäfer rennen hin und her. Große, schillernde Leiber, die kaum bis gar nicht fliegen können. Deswegen sind offene Bereiche wie Wege so beliebt bei ihnen: Hier können sie alles jagen, was bei drei nicht in der Böschung verschwunden ist. Sie fressen Schnecken, Würmer, Ameisen, Aas und Pilze. Manche Arten verdrücken sogar junge Salamander oder Frösche und Mäuse, allerdings meist als Aas und nicht am Stück. Einige Laufkäfer-Arten ernähren sich auch vegetarisch, die Samen der Wilden Möhren zum Beispiel sind sehr beliebt. Generell schafft ein Laufkäfer das Zwei- bis Dreifache seines Körpergewichts – pro Tag. So werden aus ihnen fette, eiweißreiche Leckerbissen für Spitzmäuse, Vögel, Spinnen und Fledermäuse.

Und wer noch länger ruhig und ein bisschen abseits sitzt, der erlebt vielleicht, dass ein Grünspecht zum Fressen kommt. Der grüne Vogel mit dem roten Kopf und der schwarzen Gesichtsmaske war früher ein häufiger Gast in menschlicher Nähe, jetzt ist er selten geworden. Vielleicht weil es immer weniger Lebensräume für sein Lieblingsfutter gibt. Der Grünspecht frisst am allerliebsten Ameisen. Auf seiner täglichen Tour scannt er das Revier nach den kleinen Häufchen ab, die viele Ameisenarten aufwerfen. Wer die immer wieder zertritt und entfernt, macht ihm die Nahrungssuche unnötig schwer. Hat er einen Bau gefunden, hämmert und meißelt er mit seinem Schnabel Löcher hinein, so weit, bis seine lange Zunge reinpasst. Die ist klebrig wie ein Fliegenfangstreifen und alles, was im Bau ist, Ameisen, Larven, Puppen, bleibt daran kleben und wird von ihm einverleibt.

Bei uns häufig sind zum Beispiel die Schwarzen Wegameisen, Rasenameisen und die Knotenameisen. Zusammen mit allen anderen Arten haben Ameisen im Nahrungsnetz eine wichtige Schlüsselposition: Sie schichten die oberen Erdschichten um und bauen pflanzliches Material ab, sie halten fressenderweise die Bestände anderer Insekten in Schach und sammeln Aas ein, selbst einen großen Laufkäfer. Wenn der das Zeitliche gesegnet hat, tragen sie ihn zu vielen in ihren Bau. Ameisen verbreiten außerdem Pflanzensamen, zum Beispiel von Frühblühern. Und sie sind selber eine wichtige Nahrungsquelle für andere Tiere: Die Ameisenlöwen genannten Ameisenjungfernlarven ernähren sich zum Beispiel von anderen Ameisen. Und eben der Grünspecht, der ohne sie seinen Nachwuchs nicht groß bekommt. Der Grünspecht selbst wird selten gefressen. Er ist flink und umsichtig. Das merkt man, wenn man versucht, ihn zu fotografieren. Ein Habicht könnte ihn erwischen, ein Marder vielleicht ebenfalls. Aber die haben ja auch Nachwuchs und müssen fressen.

Nicht alle Wege sind ein solch kleines Paradies. Leider die wenigsten.

Nahrungsnetze im Rundblick: das Wegenetz als Antagonist der Artenvielfalt

Schauen wir von oben – mit Karten im Internet geht das zum Beispiel wunderbar – auf die Landschaft, sehen wir auch ein Netz. Kein Nahrungsnetz, sondern eins aus Straßen, Autobahnen, Schienen. Das Netz verbindet Städte und Menschen, Häuser und Plätze, von Hamburg nach München und vom Land in die Stadt. Das meiste ist gepflastert, geteert und versiegelt, wird dauernd mit schweren Maschinen und rasend schnell befahren.

Solche Wege sind gefährlich für die Artenvielfalt. Nicht nur weil Tiere direkt als Verkehrsopfer sterben, große wie kleine. Sondern weil die Straßen und Schienen uns Menschen zwar von A nach B bringen, vielen Tieren aber einfach den Lebensraum durchschneiden. Sie stellen kaum zu passierende Barrieren dar, die sie von ihren Nistplätzen oder Jagdgründen, Winterquartieren und auch von neuen Partnern und Partnerinnen und damit vom frischen Genmaterial abschneiden. Je kleiner das Tier, desto gravierender wirken sich Bahngleise, Autobahnen, Schnellstraßen, Tunnel und Brücken als Grenzen aus. Je kleiner die Population, desto gravierender wirkt es sich aus, wenn von der anderen Seite der Straße keine neuen Artgenossen mit frischen Genen kommen. Die Wahrscheinlichkeit für gesundheitsgefährliche oder fruchtbarkeitshemmende Mutationen steigt und damit die Wahrscheinlichkeit, dass diese Art dort ausstirbt. Auch kleine lokale Unglücke, wie Überschwemmungen oder Brände, führen dann zum Verschwinden der isolierten Art einer Straßenseite. Und von der anderen Seite können keine neuen Individuen einwandern. Weil ja die Straße dazwischen ist.

Kleine Biodiversitätstipps für lebenstaugliche Wege

- Ob im Kleingartenverein oder im eigenen Garten, im privaten Bereich muss nichts generalstabsmäßig geteert und gepflastert sein. Manchmal kommt es zwar auf die Trittfestigkeit an; aber auch hier gibt es Kompromissmöglichkeiten. Für Parkplätze ideal sind Schotterrasen oder Rasenfugenpflaster. Je größer die Lücken, auch zwischen Pflastersteinen, desto leichter hat es die Natur, Fuß zu fassen. Auch spezielles Saatgut für Pflasterfugen kann, vermischt mit feuchtem Sand und beikrautfreiem Kompost, aufgestreut und eingekehrt werden. Solche begrünten Pflasterflächen sind außerdem wasserdurchlässig. Niederschläge können versickern und rauschen nicht in die Kanalisation. Wege aus Holzhäcksel zu streuen, ist ein Kompromiss zwischen Pflaster und Trampelpfad, für Käfer entsteht ein toller Lebensraum. Die Larven vieler Käferarten brauchen abgestorbenes, moderndes Holz.
- Was links und rechts des Weges und mittendrauf wächst, muss nicht sofort und ratzekahl gejätet und gemäht werden, im Gegenteil. Wegbegleitgrün stehen zu lassen, hilft allen, die in diesen Säumen leben und fressen – und ans Blatt gepinnt als Ei oder Puppe den Winter verbringen und darauf warten, ein neues Insekt zu werden. Das gilt auch im Großen: Alleebäume stehen lassen und nur wenn es

die Verkehrssicherheit unbedingt erfordert, stark zurückschneiden. Die alten gestandenen Bäume sind wichtig als Wohnungsbäume für Höhlenbrüter. Der Grünspecht hämmert seine Höhlungen ins morsche Holz und weil er gerne umzieht, hinterlässt er eine Menge Höhlen, die dann von anderen nachgenutzt werden: Meisen, Kleiber, Gartenrotschwanz, aber auch Fledermausarten, Siebenschläfer und Hornissen nisten in ehemaligen Grünspechthöhlen. Oder sie verbringen darin ihren Winterschlaf.

- Bremsen Sie für Kröten, nicht nur für Rehe oder Hasen. Vögel haben mit Autos selten ein Problem. Rabenvögel sind schlau und viele Singvogelarten sind es aus den langen Jahrtausenden der Evolution gewohnt, zwischen großen bewegten Objekten herumzuhüpfen und rechtzeitig zur Seite zu hopsen. Viele Arten müssen es in ihren Winterquartieren, beispielsweise in der Savanne, nach wie vor. Ob Nashornfuß oder Autoreifen ist da eigentlich egal. Amphibien allerdings sind stur, was ihre Wanderungen angeht. Zur Krötenzeit sollten wir langsam fahren, auch mit dem Fahrrad. Und eigentlich generell. Umso mehr Zeit haben Eidechsen, Käfer oder Schmetterlingsraupen, sich ins Gebüsch zu verziehen oder auf die andere Seite zu retten.
- Kein Streusalz im Winter. Das bequeme Taumittel ist dem Boden eine Last. Es versalzt und verschlämmt ihn, er versauert oder wird zu stark alkalisch, je nach Streusalz. So oder so können die Pflanzen nur noch schwer Wasser aus ihm aufnehmen. Daran können Bäume sterben. Sie vertrocknen oft trotz reichlich Regen, weil sie nicht mehr genug Wasser aus dem Boden durch ihr komplexes Gefäßsystem hindurch bis in die Krone bekommen.

Hausbaum, Obstwiese und Wald: Mega-Primärproduzenten und mehr

Bäume sind unter den Produzenten das, was Elefanten und Eisbären unter den Konsumenten sind: mega, alpha, top. Für mich sind es oft richtige Persönlichkeiten, an den riesigen Apfelbaum auf der Streuobstwiese hinter unserem Haus erinnere ich mich wie an eine gute Freundin aus Kindertagen. Um die Bäume herum wuchsen Brennnesseln und Taubnesseln, Brombeeren und Disteln voller fluffiger Blütenkörbchen. Im Frühjahr kamen die Stare in Schwärmen zum Rasten. Manches Paar blieb und nistete in den Höhlen und Löchern der alten Äste. Im Sommer fraßen die Wespen die Äpfel und im Herbst war der Baum umschwirrt von Hunderten Admiralen, die sich an den Brombeeren und der süßen Fruchtmatsche vor ihrem Zug nach Süden labten. Ihre Kindheit verbrachten sie als kleine, stoppelhaarige Raupen an den Brennnesseln, dort haben sie sich dick und rund gefressen. Nicht alle sind erwachsen geworden, sondern viele wurden auch von Vögeln, Eichhörnchen oder anderen Insektenfressern vertilgt. Auch Wanzen und Feuerameisen mögen Raupen, sie holen sich auch gerne Puppen in den Bau, wenn diese unbeweglich und optisch gut getarnt wie ein vertrocknetes Blatt im Gestrüpp hängen und auf die Metamorphose warten.

Auch ein Käuzchen lebte dort, oder mehrere, sie lieben solche lichten Lebensräume mit altem Baumbestand, wie es ihn in alten Obstgärten oder Parkanlagen gibt. Auch andere Eulen, Schleiereulen zum Beispiel, und viele Greifvögel fühlen sich hier wohl. Ein dichter dunkler Wald ist für das Käuzchen nichts. Es braucht Bäume als Ansitz über sein Jagdrevier, im dichten Wald sähe es vor lauter Bäumen den Boden nicht; außerdem lebten dort längst nicht so viele Wühlmäuse und andere Mäuse, sein Lieblingsfressen. Aber auch Vögel, Reptilien und Amphibien schnappt sich der Steinkauz. Eigentlich alles, was sich auf dem Boden bewegt und über das Nahrungsnetz – vom Schmetterlingsei bis zum Mehltau, vom Bockkäfer bis zur Holzwespe – von Blättern, Früchten und Samen satt gefressen hat.

Nun bietet nicht jeder Garten solchen Baumriesen Platz, so wie der meiner Kindheit. Aber ein Hausbaum passt vor die kleinste Hütte, war früher üblich und ist heute immer noch eine gute Idee. Wichtig, damit er nicht nur als Gartendekoration dient, sondern auch ein Teil des Nahrungsnetzes werden kann, ist es, nicht irgendeinen exotischen Modebaum zu pflanzen. Die Tierwelt hierzulande erkennt diesen schlicht nicht als lebendig und nutzbar. Außerdem fühlt sich zum Beispiel ein subtropisch-asiatisches Gewächs im trockenen Brandenburg oder rauen Hochschwarzwald nicht wohl. Je wohler sich aber ein Baum an seinem Standort fühlt, desto unbeeindruckter zeigt er sich auch von dem, was der Klimawandel bringt: Trockenheit, Hitze, Starkregen, mehr oder andere Insekten, Pilze und Bakterien.

Auch zu den Menschen im Garten sollte ein Baum passen. Ob sie es pflegeleicht wünschen, große Linden, kleinere Kugeleschen, riesige Walnussbäume, schnellwüchsig oder langsam wie ein Gingko, mit schönen bunten Blättern wie bei den Ahornarten oder mit leckeren Früchten – wie bei meinem Apfelbaum. Obstbäume sind für mich die Besten, sie blühen wundervoll – aber die Früchte machen Arbeit und manchmal Ärger mit den Nachbarn, die sich über reichlich reife Kirschen und Birnen auf ihrer Seite nicht so freuen wie Wespen und Schmetterlinge.

Eichen oder Buchen produzieren haufenweise Laub. Auch Laub macht Arbeit, ist aber keineswegs Abfall. Laub ernährt all die Destruenten, Springschwänze und Käferlarven, Würmer und Tausendfüßer, die so wichtig sind, um alle Nährstoffe für den Kreislauf der Natur zu recyceln; und um zahlreich von anderen kleinen Tieren gefressen zu werden. Schon wenige Blätter sind für kleinere Tiere wie Spinnen, Raupen und Falter ein guter Unterschlupf. Größere Mengen auf einem Haufen können Fröschen, Kröten oder Igel Winterquartier bieten. Laub schützt und isoliert auch die Wurzeln der Pflanzen und wärmt sie zusätzlich mit der Wärme, die all die Destruenten bei ihrer Arbeit erzeugen. Frühblüher etwa kommen aus einer Laubschicht früher ans Licht, weil sie Nährstoffe und Wärme haben. Ohne Laub kommen sie vielleicht gar nicht, weil sie erfroren sind, sollte der Winter streng gewesen sein. Das wäre sehr schade für frühe Wildbienen und andere Nektarfresser: Schneeglöckchen und Krokusse sind oft ihre erste Nahrung. Auch hungrig aus der Winterstarre erwachte Hummelköniginnen brauchen Nahrung, wenn sie sich früh im Jahr aufmachen, einen guten Platz für ihr neues Volk zu finden.

Nicht nur unter dem Laub oder dazwischen lässt es sich leben und überwintern, sondern auch in jedem einzelnen Blatt. Die Rede ist von Minierern und Gallenbildnern – was allerdings kein fachlich korrekter Oberbegriff ist für all die Motten und Falter, Fliegen und Mücken, Käfer und Wespen, Milben und Läuse, deren Nachwuchs sich zwischen die Blattschichten kuschelt oder sich in einer Galle häuslich einrichtet. Am bekanntesten sind sicherlich die runden Kugeln an Eichenblättern, sie stammen von der Gemeinen Eichengallwespe. Rosengallwespen bilden an den Blütentrieben der Rosen zottelige Puschel, und Buchengallmückenlarven leben in kleinen Hörnchen auf Buchenblättern. Manche Larven rollen das Blatt vom Rand her ein Stück auf oder kräuseln es zusammen; andere drapieren kleine rote und gelbe Knubbel in Gruppen auf die Blätter. Ähnlich ist es bei den Minier-Insekten, die sich allerdings im Blatt bewegen, nicht obendrauf. Ihre Wohnungen können kreisrund sein und bunt auf oder besser gesagt in die Blätter gekleckst. Die feinen dünnen Gänge werden im Laufe der Zeit größer. Die Larve frisst, wächst und verpuppt sich, um dort in ihrer Wohnung zwischen den Blattschichten zu überwintern und dann irgendwann zu schlüpfen und Nahrung für Insektenfresser zu werden.

Lange Rede, kurzes Fazit: Ein Baum, und wenn es aus Platzgründen nur eine Säulenkirsche sein kann, ist besser als kein Baum. Er bietet Blütennektar, Blattgrün, Früchte, Laub und Lebensraum. Und auch Nadelbäume sind nicht so schlecht wie ihr Ruf. Ihr Immergrün bietet Tieren rund ums Jahr ein Versteck und Schatten im Sommer, die Blüten haben Pollen und die reifen Zapfen sind Nahrung für Eichhörnchen und Siebenschläfer. Bäume bringen Struktur in den Garten, hoch oben sitzt die Amsel und beträllert ihr Revier, immer bereit, nach unten zu fliegen, sollte sich ein leckerer Happen zeigen. Ein Regenwurm vielleicht.

Fressen und gefressen werden auf der Streuobstwiese

① Steinkauz
② Admiral
③ Wespe
④ Wühlmaus
⑤ Star
⑥ Brombeere
⑦ Schleiereule
⑧ Apfelbaum
⑨ Buntspecht
⑩ Apfelwickler
⑪ Spinne
⑫ Fuchs
⑬ Hermelin

1
2
3
8
9
10
11
12
13

Zwischen Baum und Borke

Ein Baum ist nicht nur pflanzlicher Primärproduzent, sondern hat auch reichlich fleischliche Nahrung für die Tierwelt zu bieten. Auf den Blättern, in den Blüten leben Wickler, kleine Falter oder Blattsauger, das sind kleine Läuse, die die Blätter anzapfen – und die dann wieder von Wanzen und Vögeln gefressen werden. Vor allem auf und unter der Rinde produziert ein Baum haufenweise Insekten. Käfer und Falter legen ihre Eier dort ab, die Larven fressen sich durch die Rinde und entwickeln sich dort. Springspinnen weben in der schrundigen Berg- und Tallandschaft kleine dichte Nester, die aussehen wie ein Stück Tuch. Sie sind damit auf alles aus, was am Stamm und in den Schichten der Rinde reichlich kreucht und fleucht. All die Tierchen – und auch die Spinnen – werden von Vögeln oder von Fledermäusen und anderen Sekundärkonsumenten abgeerntet. Der Specht ist darauf spezialisiert, an der Borke zu hämmern und die Rinde aufzustemmen, sollte er nicht von alleine an die Eiweißhappen kommen. Auch das harte Holz des Baumes, an dem man sich normalerweise die Zähne ausbeißen würde, findet reichlich hungrige Abnehmer. Pilze vor allem, die als Sporen herangeweht wurden und sich mit ihren Hyphen in die von Larven oder Vögeln freigelegten Stellen einfädeln. Die Wunden am Baum lassen auch Flechten und Moose gut gedeihen, die wiederum von Faltern wie den Flechtenbärchen genutzt werden, um den Nachwuchs dick zu füttern. Oben in der Krone sitzt oft eine Mistel, zapft die Nährstoffbahnen an und versorgt die Vogelwelt und Weihnachtsnostalgiker mit Beeren. An den Bäumen fressen außerdem nicht nur kleine Tierchen, auch Hirsche und Rehe schälen sich Stücke ab, wie Brotscheiben mit Insektenbelag.

Nahrungsnetze im Rundblick: ein Wald voller Bäume

Ein Baum ist ein Baum, viele Bäume sind ein Wald und der Wald ist unglaublich wichtig. Nicht nur aus ökologischer Sicht, sondern auch als Sehnsuchtsort. Dass hierzulande allerdings wohl nie alles voll mit Buchenhain, Eichengrund und dichtem Tann war, haben Sie schon ab Seite 30 erfahren. Die germanischen Urwälder – und die darin hausenden edlen Wilden – sind mehr oder weniger eine Erfindung des römischen Schriftstellers Tacitus, der so etwas wie der Karl May des römischen Imperiums war. Die Legende wurde dann von Romantikern und Nationalisten gerne weitergesponnen. Ursprünglich standen hierzulande durchaus viele, viele Bäume, aber sehr kleinfleckig, gemischt mit Sträuchern und sehr abwechslungsreich: mal dichter Tann, mal lichter Buchenwald, mal eher Hecke, mal Auenwald. Es gab Lichtungen mit Wiesen, Hecken und Büschen, Bächen und Seen. Ein großartiges Mosaik aus Teillebensräumen, in dem jede Art eine Nische findet und es vor Vielfalt nur so vibriert. *Das* ist der Ur-Wald. Gestaltet durch Pflanzenwachstum und Pflanzenfresser, Raubtiere und Insekten. Durchs Nahrungsnetz.

Nach der letzten Eiszeit verschwanden die großen Pflanzenfresser und mit ihnen ihr Gestaltungseinfluss: Kein Mammutrüssel rupfte sich Zweige von den Lieblingsschösslingen, niemand schubberte sich das Fell an dem mächtigen Stamm, dass die Wipfel wackeln, auch die riesigen Dunghaufen fehlten – und mit ihnen die zahllosen Insekten, die davon abhängen.

Es lebten mehr und mehr Menschen, die – obwohl noch Jägerinnen und Sammler – schon den Wald gestalteten: Sie schlugen Holz für Hütten, rodeten Lichtungen, verteilten vielleicht ihre Lieblingsbäume oder -sträucher in ihrer Nähe. Die Haselnuss zum Beispiel wächst schnell, ist nahrhaft und gut als Vorrat zu gebrauchen. War die Stelle nicht mehr passend, zog man weiter, schlug neue Lichtungen, pflanzte neue Haselsträucher. Oder Wildkirschen, Holunder und Walnussbäume. Später dann hielt man Vieh, das sich in den Wäldern an Eicheln und Laub fett fressen konnte. Spätestens ab dem Mittelalter boomte der Städtebau, man brauchte Holz für Häuser und als Brennstoff. Aus der Waldnutzung wurde Forstwirtschaft.

Rein statistisch ist hierzulande aktuell rund ein Drittel der Landesfläche mit Bäumen bestanden. Eine Hälfte sind Nadelbäume, die andere Misch- und reiner Laubwald. Die Hälfte gehört Privatleuten, die andere dem Staat. Diese Wälder sind meist dicht und gleichförmig, statt

Artenvielfalt im toten Fichtenwald

Der Wald im Harz ist nicht tot, im Gegenteil. Im Harz betreibt der Mensch seit mehr als 3000 Jahren Bergbau. Erst nur ein bisschen, dann im großen Stil wurden Metallerze aus der Erde geholt. Dafür brauchte es Holz, Holz, Holz, als Baumaterial für Stollen und Bergwerke und als Brennmaterial für die Erzschmelze. Das hinterließ nicht nur viele Schadstoffe und geplünderte Stellen, sondern vor allem leere Wälder. Alles, was dort ursprünglich wuchs, Laub- und Mischwald, wurde abgeholzt. Neue Bäume wurden zwar gepflanzt, aber weil es mit dem Nachwachsen schnell gehen musste, meist Fichten. Die taten sich im Harz mit seinem extremen Klima schon immer schwer; jetzt mit Trockenheit, Stürmen und Klimawandel geben sie ganz auf. Reihenweise abgestorbene Fichten prägen das Bild. Wer aber mal an den Baumskeletten vorbei stiefelt, stellt fest, dass dies zwar kein gesunder Wald mehr ist, er aber trotzdem voller Leben steckt: Baumpilze, die wie Fabelwesen aussehen, vor allem, wenn sie eine Mütze aus Schnee tragen, Trompetenflechten und bärtige Flechten. Ein Urwald-Steig durchs Altholzgebiet am Brocken ist wie ein Abenteuertrip. Das Totholz bleibt im Wald und bietet zahlreichen Bewohnern Nahrung und Unterschlupf. Die unzählbar vielen Käfer wiederum sind ein Fest für die Vogelwelt, die sich hier in der lichten Baumwüste den Bauch vollschlägt, wie es vorher im dichten, dunklen Tann gar nicht möglich war. Ob im Laufe der Jahre mitten im Klimawandel wieder ein Wald ensteht, das wird sich zeigen. Vielleicht, vielleicht nicht. Aber ein Lebensraum ist und bleibt es in jedem Fall.

lichtdurchflutet und strukturreich. Forsten eben, keine Wälder. Deswegen gibt es auch keine Waldschäden durch Tiere, sondern nur Forstschäden: Ein kauendes Reh und ein schälender Hirsch sind aus Sicht der Natur wichtige Teile des Nahrungsnetzes. Ebenso der Borkenkäfer. Würde man heute einen Forst wieder sich selbst überlassen, so wie es im Nationalpark Harz geschieht oder auch andernorts, wo er als Bannwald ausgewiesen wird: Ein Ur-Wald wird daraus nicht mehr. Dafür bräuchte es Ur-Tiere, und die sind ausgestorben.

Echten Ur-Wald gibt es nicht mehr. Aber wir stellen uns jetzt mal einen vor. Der Garten wird zur Wiese, dahinter plätschert der Bach, an dessen Ufer Gehölze wachsen, erst mal nur Büsche, dann Ulmen, Eschen und Erlen. Der Bach wird zum kleinen Fluss mit typischem Auenwald drumherum, mit Weiden und Schwarzpappeln, Hartriegel und Weißdorn. Hopfen zieht sein dichtes Geflecht kreuz und quer und bildet würzig leckere Zapfen. In diesem Gestrüpp aus Wurzeln, Ästen, Grünzeug, kleinen Inseln und Totholz leben zahlreiche Vögel und Insekten, vom kleinen Eisvogel bis zum großen Seeadler. Außerdem leben hier Biber, das weiche Holz ist ihr Lieblingsnageholz. Sie fällen die Stämme, um an die Knospen und dünnen Zweige zu kommen, und bauen daraus dann ihre Burgen und Dämme. So macht der Biber aus dem Fluss eine abwechslungsreich zonierte Landschaft, mit kalten, stillen Stellen, die zum Beispiel der laubwaldbewohnende Feuersalamander für seine Larven als Kinderzimmer nutzt. Als Fressen braucht dieser Insekten und andere Tierchen, von denen es hier nur so krabbelt und kribbelt in den lichten Baumgruppen, wo viel Sonne hinkommt. All die Ameisen und Käfer, Spinnen und Asseln werden von Spechten und anderen Vögeln aufgepickt, sie fressen sich gegenseitig oder die Exkremente der anderen. Auch Kröten, Molche und Blindschleichen holen sich hier ihren Teil. Den Hang hinauf schließen sich Rotbuchen an, auch Eichen, Ahorne und Tannen, manche alt und mächtig, manche jung und biegsam. Im Herbst leuchten alle Farben und im Frühling, bevor Millionen Blätter austreiben, wird der Boden mit Lerchensporn und Bärlauch, Märzenbecher und Buschwindröschen überzogen sein. Dann, wenn der Dachs nach seiner Winterruhe aus dem Bau unter den Baumwurzeln einer alten Eiche kriecht, wieder auf Betriebstemperatur kommt und sich auf die Suche nach Würmern, Schnecken, Wühlmäusen und Waldmäusen macht. Als Allesfresser mampft er im Herbst auch Beeren und Pilze. Im Frühling frisst er auch Vogeleier. Der Dachs ist scheu und vorsichtig, es ist sein jahrtausendealtes evolutionäres Erbe, vor Luchs, Wolf, Adler und Uhu auf der Hut zu sein. Und das ist gut so, denn die gibt es noch, hier in unserem Traumwald.

Holz als Nahrung

Stirbt der Baum, lebt das Holz weiter, auch wenn es Totholz heißt. Denn nur der Baum ist tot, aber in sein Holz zieht sofort neues Leben ein. Zuerst kommen Mikroorganismen, Hunderte verschiedene Arten, die darauf spezialisiert sind, sich von dem eigentlich unverdaulichen Holz zu ernähren und oft auch nur genau von einer bestimmten Sorte Holz. Pilze sind die auffälligsten Holzfresser. Was so schön und bunt auffällig außen am Baum hängt und was wir landläufig als Pilz bezeichnen, ist aber nur ein kleiner Teil des ganzen Lebewesens. Es ist nur der Fruchtkörper, für Sporenproduktion und Fortpflanzung zuständig. Ins Holz eindringen, Enzyme losschicken, Nährstoffe und Mineralien lösen und die speziellen Holzbestandteile zersetzen, das macht der Pilz mit seinen langen dünnen Pilzfäden, den Hyphen. Alle Hyphen zusammen bilden das Myzel, das ist das weiße, flaumige, fädige Geflecht, das man auf totem Holz und auch in der Erde oder unter dem Laub sehen kann.

Nach den Mikroorganismen und Pilzen kommen die Krabbeltiere, Käfer zum Beispiel, und da gibt es viele Arten, die sehr gerne von Pilzen vorverdautes Holz fressen: Sie haben dafür im Darm Bakterien, die helfen, die immer noch schwere Kost zu verdauen. Andere fressen am liebsten den holzigen Kot oder das fluffige Holzmehl. Wildbienen finden die Fraßgänge oft gerade richtig, um darin Eier zu legen. Holzwespen sägen sich selbst eine Stelle für ihr Ei. Fliegenlarven fressen, wie Kühe auf der Weide, Bakterien und Pilzgeflechte vom toten Holz. Nach und nach kommen Asseln, Regenwürmer, Tausendfüßer, Milben, Springschwänze. Dieser Haufen an Insekten, genüsslich und hingebungsvoll bohrend, kauend, mampfend und verdauend, schreddernd und schrotend, ist natürlich wie ein gefundenes Fressen für andere: Spinnen bauen ihre Netze auf, und ganz besonders Vögel brauchen nur zuzugreifen oder zu picken, nachts kommen die Fledermäuse. Nach einigen Jahren ist der Altbaum weg, zersetzt zu Humus und Kompost, ein ideales Keimbett für seinen Nachwuchs, die hinterlassene Lücke lässt ihm genug Platz und Licht. Und irgendwann steht dort ein neuer Baum.

Das ist natürlich Theorie. Leider. Den Bach, die Wiese gibt es so nicht (mehr). Die meisten Wälder hierzulande sind Forsten, Anbaufläche für Holz. Fichte und Kiefer vor allem, dicht an dicht, die wachsen schnell und gerade, sind leicht zu ernten und zu verarbeiten. Nicht von ungefähr sind viele Waldvögel mittlerweile eher Garten- oder Parkbewohner, die Amsel zum Beispiel. Ein öder, dichter Fichtenforst ist ihr zu dunkel und vor allem gibt es dort viel zu wenig zu fressen, denn auch Insekten leben in solchen gleichförmigen Monokulturen ungleich weniger. Und: Das Klima ändert sich schneller, als es die Megapflanzen verkraften. Manche Arten kommen damit besser klar, andere weniger. Ein vielseitig und verschieden gewachsener Wald wäre besser aufgestellt. Hinterlässt der Klimatod bei einer Art Lücken, könnten andere diese füllen.

Das ist nicht nur wichtig, weil der Wald so schön ist und aus wichtigen Primärproduzenten besteht, sondern weil Wald auch hilft, Folgen der Klimaerwärmung zu mildern. Die mächtigen Wurzeln halten die Erde fest, wenn der Regen runterrauscht, an den Blättern in den Kronen sammelt sich Wasserdampf aus der Luft und macht so das lokale Klima kühler und feuchter.

Kleine Biodiversitätstipps für Baumhelfer und solche, die es werden wollen

- Lassen Sie einem Baum Bei- und Unterwuchs und gehen Sie nicht mit Gift gegen »Mitesser« vor. All das schont den Nachwuchs der Insekten, die für Vögel und Co. die Nahrung bieten. Die Baumscheibe können Sie mulchen oder bepflanzen – sie muss nicht nackt sein, auch wenn man das oft so sieht. Nicht alle Blumen wachsen allerdings gern im Baumschatten und in Wurzelkonkurrenz. Aber Frühlingszwiebelblumen und Walderdbeeren, Storchschnabel, Immergrün, Taubnessel, Waldmeister und Efeu oder auch Maiglöckchen und Buschwindröschen mögen es dort durchaus. Einfach ausprobieren oder wachsen lassen, was kommt.
- Bäume, deren Zeit gekommen ist, werden vom Rest der Natur genommen als das, was sie auch sind: Biomasse, die man fressen kann.

Ob Käfer oder Pilze, der Zerfall beginnt meist schon, wenn der alte Baum noch steht. Wenn es die Verkehrssicherheit erlaubt, sollte ein alter Baum deshalb so lange stehen bleiben, wie er kann, denn gerade alte Bäume mit ihren Löchern und Rissen und morschen Stellen sind wichtiger Wohnraum für Vögel, Hummeln, Eichhörnchen und Co. Und wenn er dann gefällt werden muss: Als Totholz auf einem Stapel an die Seite gelegt, bleibt der Baum dem Lebensraum noch lange erhalten. Auch ein Baumstumpf, der nicht gerodet wird, ist ein kleiner Lebensraum mit einem vielfältigen Nahrungsnetz für sich: Pilze natürlich, Käfer und ihre Larven, dann Holzwespen; in deren Fraßröhren nisten Wildbienen. Hohlräume am locker werdenden Baumfuß nutzen Hummeln und Co. zum Nisten und Überwintern, außerdem noch mehr Käfer, vielleicht auch Glühwürmchen sowie Blindschleichen und Eidechsen, Kröten und Molche. Schmetterlinge nutzen den Stumpf als Landeplatz, ist er noch frisch, schlürfen sie die Baumsäfte. Auch Vögel lieben solche Stämme, haben sie doch eine tolle Aussicht über ihr Revier, während sie Insekten aus dem Stamm picken.

▶ Das Bild auf Seite 78 zeigt eine Streuobstwiese und das nicht ohne Grund. Ihre Artenvielfalt ist beispiellos, mehr als 5000 verschiedene Tierarten wurden auf Streuobstwiesen gezählt. Sie sind außerdem wunderschön und auch noch ein Reservat für alte Obstsorten und Wildobst wie Speierling oder Holzapfel. Gerade diese Baumarten sind bei Insekten und Vögeln besonders beliebt. Streuobstwiesen waren früher ein alltäglicher Anblick, eine gängige Methode, um Obstanbau und Viehweide auf knappem Land gleichzeitig zu verwirklichen. Heute sind sie kaum mehr rentabel. Die Streuobstwiesen, die es noch gibt, werden mit viel Herzblut, Ehrenamt und Fördergeldern betrieben – oder auf Friedhöfen. Als Variante der beliebten Baumbestattungen werden bestehende Wiesen ins Friedhofsgelände integriert oder neue angelegt und mit Obstbäumen bestückt: Äpfel, Birnen, Zwetschen und Kirschen, Haselsträucher, Quitten, Mispeln, manchmal sogar Aprikosenbäume. Dass jeder Baum ein Grab für mehrere Urnen ist, lassen Plaketten erkennen. Naturschutz pur und ein sehr erbaulicher Anblick. Die Pflegearbeiten werden mit den Grabnutzungsgebühren finanziert.

- ▶ Jedes Jahr ist anders: Mal ist man froh, wenn man einen Eimer voll Pflaumen zusammenbekommt, mal gibt es viel mehr Obst, als man selbst verwerten kann. Anders als Wildobst werden bei gezüchteten Früchten ja oft alle in sehr kurzer Zeit reif und nicht nach und nach. So kann man am Stück ernten, muss es aber eben auch. Natürlich können Sie das Obst liegen lassen. Birnen und Äpfel finden ihre Abnehmer, Mikroben und Wespen, Schnecken und Vögel, Ratten und Waschbären werden sich übers Obstbuffet freuen. Wenn Sie aber Fäulnis und Fressorgien ungebetener Gäste auf ihrem Grundstück vermeiden wollen, dann geben sie Fallobst auf den Kompost oder graben es ein. Dann wird Humus aus dem Überschuss. Das Obst zu verwerten, ist aber noch besser. Laden Sie liebe Menschen zum Ernten ein, und alle gehen mit einem Eimer Kirschen oder Äpfel nach Hause und hatten einen netten Tag. Bringen Sie Ihr Obst zum Entsaften (oder Brennen). Selbst wenn Sie keine Safttrinker sind, eigener Saft ist immer ein schönes Mitbringsel oder Geschenk. Fragen Sie bei Kitas, Schulen oder Tafeln, hier sind ein paar Steigen Birnen und Pflaumen schneller weg, als man schauen kann. Verschenken, das geht auch über moderne Onlineplattformen zum Food-Sharing oder einfach so, in einem Korb an der Straße.
- ▶ Sie haben kein Obst, hätten aber gerne etwas? Früher war es übrigens gang und gäbe, auch zur Versorgung der Stadtbevölkerung, Obstbäume auf öffentlichen Flächen zu pflanzen. Auf dem Land gibt es sie oft noch, Alleen entlang von Wirtschaftswegen, voll mit reifem Obst. Niemand erntet dort, aber Sie würden gerne? Auf öffentlichen Stellen dürfen Sie ernten, natürlich nur in den berühmten haushaltsüblichen Mengen und am besten nach Nachfrage bei der zuständigen Kommune. Auf privatem Grund fragen Sie den Besitzer, oft sind diese froh, wenn sie etwas weiterschenken können.

Große Teiche, kleine Tümpel: Wasser ist Leben

Wasser ist Leben und neben Sonnenlicht und Sauerstoff unverzichtbar, damit überhaupt jemand in einem Nahrungsnetz produzieren oder konsumieren kann. Wasser ist aber auch ein Lebensraum an sich, sogar ein ziemlich artenreicher. Das Nahrungsnetz ist hier sehr dicht gesponnen und über viele Arten und Nahrungsbeziehungen mit dem Land, dem Boden und der Umgebung verknüpft. Hier haben viele Insektenarten ihre Kinderstuben. Eintagsfliegen oder Libellen leben zum Beispiel jahrelang als Larve im nassen Element.

Auch Amphibien brauchen Wasser, manche wie Molche verbringen viel Zeit im Teich oder Bach. Andere wie die Erdkröte legen nur ihre Eier hinein, ansonsten mag es diese Kröte schon eher feucht und kühl, aber definitiv an Land. Dort geht die Erdkröte vor allem nachts auf Jagd und frisst Schnecken, Würmer, Asseln, Spinnen und verschiedene Insekten wie Ameisen oder Fliegen. Ihre Kaulquappen, die aus den langen, schnurförmigen Laichfäden schlüpfen, weiden im Wasser Algen ab und sammeln zerfallendes organisches Material. Dass eine Erdkröte – und auch andere Amphibienarten, wie zum Beispiel der Teichfrosch – so viele Eier legt, hat sein Gutes: Ein großer Teil kann zu Fischfutter werden oder ist Fressen für Wasserwanzen, Libellenlarven oder Gelbrandkäfer. Diese Käfer sind – wie die Wasserläufer – oft zuerst zur Stelle, wenn es irgendwo eine Wasserfläche zu besiedeln gilt. Nachts fliegen sie ihren Sektor ab, auf der Suche nach spiegelnden Flächen, weswegen man sie auch oft in Planschbecken und Gartenpools findet. Sie bleiben aber nur, wenn es auch schon früh im Jahr ausreichend Fleischliches zu fressen gibt. Gelbrandkäfer fressen wirklich viel, selbst kleine Fische wie die Moderlieschen. Auch ihre Larven fressen Fische, außerdem Kaulquappen, viel Aas und auch Schnecken, Posthornschnecken zum Beispiel. Diese sind typische Gartenteichbewohnerinnen, sie kriechen herum und grasen Algen und tote Biomasse, ob Pflanze oder Tier, ist ihnen egal.

Von all dem Fressen und Gefressenwerden bekommen wir Menschen wenig mit, wenn wir am Teich sitzen und uns an den Pflanzen freuen:

Umgekippte Teiche
Im Sommer, wenn es wenig regnet und sehr warm ist, dann wachsen in kleinen, ruhenden Gewässern oft viele Algen, es riecht nach Methan und Schwefel. Am Ende sind die darin lebenden Fische tot und treiben mit dem Bauch nach oben in der Brühe – der Teich ist »umgekippt«. Was wie Schicksal klingt, hängt mit vielem zusammen, auch mit dem Nahrungsnetz. Wärme fördert das Algenwachstum, aber auch Stickstoff aus Luft und Landwirtschaft. Die Algen werden von kleinen Krebstierchen gefressen, die Krebstierchen von kleinen Fischen, diese wiederum von großen Fischen. Gibt es viele Algen, gibt es viele Krebstierchen und in der Folge viele Friedfische, die überhand nehmen – besonders, wenn es wenige Raubfische gibt. Zum Beispiel, weil Hechte lieber geangelt werden als Rotaugen oder weil die Kormoranfamilie, die den Fischreichtum für sich selbst verwenden würde, oder der Reiher, der sich jeden Tag seine Portion Fisch aus dem Teich holen will, verjagt und geschossen werden. Dann fressen Friedfische wie Rotaugen die Krebstierchen weg, die dann keine Algen mehr fressen – die sich dann zur sogenannten »Algenblüte« vermehren, absterben, zu Boden sinken und wenn die Mikroben sie abbauen, verbraucht das zu viel Sauerstoff. Dann kippt der Teich.

den Sumpfdotterblumen, Seerosen und Schwertlilien. Die aber auch eigentlich nur ein Teil des Kreislaufs sind und aus Sonnenlicht, Wasser, Kohlenstoffdioxid und Nährstoffen wie Phosphaten und Stickstoffverbindungen neue Biomasse herstellen – Nahrung für Tiere. Zum Beispiel für die Raupen des Seerosenzünslers. Das ist ein Wasserschmetterling, der seine Eier unter die Schwimmblätter von Laichkraut oder Seerosen legt. Die Raupen futtern daran und verpuppen sich am Ende unter Wasser. Auch ein Seerosenblattkäfer stellt sich hier ein, er liebt und braucht Seerosen, Teichrosen, Wasserknöterich und Pfeilkraut, sowohl der Käfer selbst, als auch seine Larven.

Und das sind nur zwei Arten von vielen, deren Larven und Raupen Nahrung sind für viele Insektenfresser, die am, im und ums Wasser

Fressen und gefressen werden im und am Teich

① Erdkröte
② Kaulquappen
③ Mückenlarven
④ Wasserskorpion
⑤ Ringelnatter
⑥ Teichmolch
⑦ Wasserhahnenfuß
⑧ Posthornschnecke
⑨ Gelbrandkäfer
⑩ Larve des Gelbrandkäfers
⑪ Moderlieschen
⑫ Teichfrosch
⑬ Bachstelze
⑭ Libelle
⑮ Mücke
⑯ Reiher

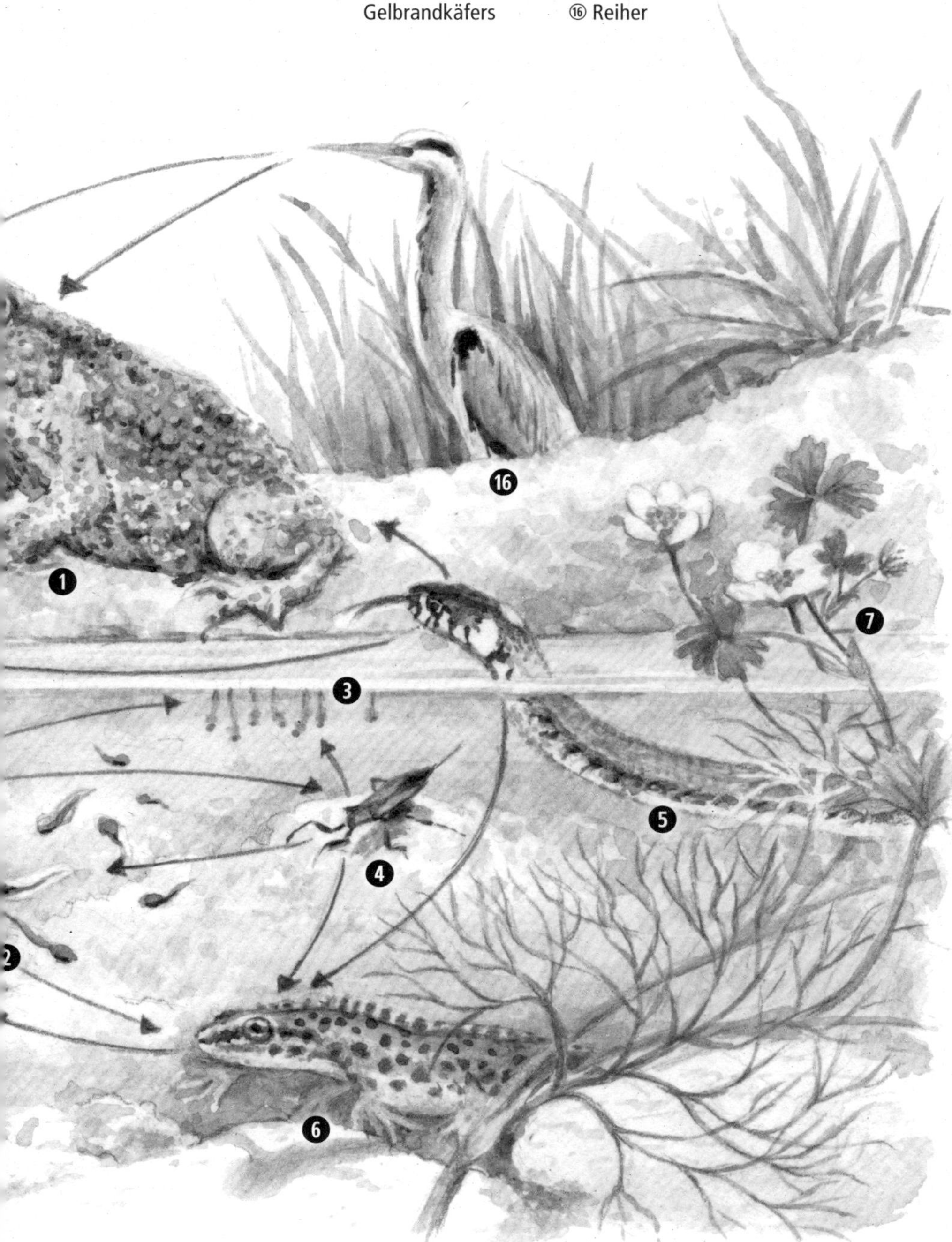

herum leben, von Libellen bis zu Fledermäusen. Und natürlich Erdkröten. Auch Bachstelzen leben gerne in Gewässernähe, nicht weil sie das Wasser an sich so mögen, sondern weil sie hier reichlich Nahrung finden: Mücken, Fliegen und andere kleine Happen.

Nahrungsnetze im Rundblick: von der Quelle bis ans Meer

Der kleine Teich, den wir uns angeschaut haben, ist nur eine von vielen Gewässerarten, quasi Stellvertreter für all die Flüsse und Bäche, Seen und Tümpel, Meere und Ozeane, Wasserlöcher und Feuchtgebiete, die zum Lebensraum Wasser gehören. Standort, Temperatur, Strömung, Nährstoffgehalt, Wassermenge und Uferbeschaffenheit, jedes Gewässer ist anders, und so kommen jede Menge Lebensräume für ganz unterschiedliche Arten zusammen, vom Flohkrebs bis zur Makrele.

Kleine Flüsse und Bäche sind besonders wichtig, nicht nur weil sie den größten Anteil der Fließgewässer haben, sondern auch weil Fließgewässer weitverzweigt sind und so viele Lebensräume vernetzen. Sie sind also nicht nur Lebensräume für Fische und Fischotter, Eisvögel und Libellen, Schlammröhrenwürmer und Steinfliegenlarven, sondern auch so etwas wie Straßen, auf denen all diese Wasserlebewesen von A nach B gelangen können. Allerdings: Die Landwirtschaft ist zunehmend industrialisiert worden und immer näher an die Gewässer herangerückt. Seit Mais in Biogasanlagen gesteckt wird, lohnt sich jeder Streifen. Selbst auf eher schlechten Stellen, wo sonst nur Vieh gehalten oder Heu gemacht wurde oder Wäldchen und Röhrichte wuchsen, wird jetzt mit Mineraldünger und Gülle Hochleistungsgrün produziert – mit viel Stickstoff, von dem ein guter Teil ins Gewässer läuft und dort das Ökosystem auf links dreht. Algen wachsen schneller, kleine Krebse weniger, damit gibt es weniger Fischfutter und weniger Fische, die sich ohnehin weniger gut vermehren. Denn oft wird, wenn es regnet und die Ackererde ungebremst ins Wasser schwappt, so ein fröhlicher Bach zur Schlammwüste, weil der Ufersaum fehlt. Dort verstopft der lichte Boden, ersticken die Fischeier und alles, was dort lebt. Weniger Fische heißt aber auch, dass beispielsweise der hübsche Eisvogel wenig zu jagen und zu fressen hat.

Seevögel im Gefolge der industriellen Fischerei

An Helgolands Vogelfelsen sind sie die Attraktion, scharenweise brütende Basstölpel. Das ist erst seit wenigen Jahrzehnten so. Früher musste man dafür nach Schottland, zum Bass Rock, der unbewohnten Felseninsel, von der die albatrosartigen Tiere ihren Namen haben, reisen. Vogelfreunde waren schon verzückt, wenn sie mal ein Exemplar in hiesigen Gewässern von fern sahen. Aber jetzt sind die roten Felsen voll, jedes Frühjahr kommen Hunderte Vögel aus ihren Winterquartieren vor Westafrika oder Portugal. Sie balzen und brüten dann, abwechselnd die Füße wie eine Wärmflasche um das einzige Ei gewickelt, bis sich nach sechs Wochen ein nacktes, glupschäugiges Küken aus den Schalen strampelt, zu einem Federball wird, wächst und wächst, groß und rund wird. Dann lassen die Eltern ihr Kind allein. Irgendwann – manchmal ist es schon Oktober – treibt der Hunger das Junge aus dem Nest. Es watschelt auf seinen großen Füßen zum Rand des Felsens, springt ins Wasser und fliegt bald darauf auf die offene See, um auf Fischfang zu gehen. Und weil das so viel leichter ist als früher, werden es immer mehr Basstölpel.

Unsere menschliche Art, Kabeljau, Makrelen oder Garnelen zu fangen, beschert ihnen reichlich Futter. Mit großen Netzen durchkämmt der Mensch das Meer, sammelt alles ein, was vorbeikommt. An Bord gehievt, wird dann sortiert, in den eigentlichen Fang und in den sogenannten »Beifang«: Seesterne, Sandkrabben und Fische, die keiner essen mag, die noch zu jung und klein sind oder die in diesem Jahr schon zu viel gefischt wurden, deren Fangquote schon ausgeschöpft ist. Zusammen mit Eingeweiden und anderen Schlachtabfällen geht der Beifang wieder über Bord. Tot oder zumindest angeschlagen.

Die Vögel, die den Kutter begleiten, brauchen nur zuzupacken, und schlagen sich so auch im Winter und nachts im Scheinwerferlicht der Schiffe die Bäuche voll. Nicht nur Basstölpel, auch Möwen, Lummen und anderen Seevögeln geht es recht gut.

Die Brutröhren des Eisvogels an den Steilhängen von Gewässern zu erhalten, ist also nur ein kleiner Teil des Ganzen, um ihn zu schützen.

Hochwasser ist ganz generell für die Natur hingegen kein Problem – im Gegenteil. Wie andernorts beim Feuer, haben sich viele Lebewesen darauf eingestellt und sind mehr oder weniger darauf angewiesen. Eine Flussaue ist, ähnlich wie ein Acker für die Feldblumen, eine Samenbank für die Eier von Urzeitkrebschen und anderen Kleinsttierchen. Kommt ordentlich viel Wasser, bilden sich tiefe Pfützen auf überfluteten Wiesen, dann reifen die Eier, die Larven schlüpfen, werden erwachsen und legen

Zu Wasser und zu Lande

Amphibien bewohnen übers Jahr verschiedene Lebensräume an Land und in Gewässern, das sagt auch schon der Name: Das Wort »Amphibie« kommt aus dem Griechischen und bedeutet doppellebig. An jedem Ort haben sie ihre Bedeutung im Nahrungsnetz: Im Wasser als Larve oder Kaulquappe ernähren sie sich von kleinen Pflanzen und sind für räuberische Wassertiere wie Libellenlarven oder Fische zahlreich produziertes Fressen. Die erwachsenen Tiere ernähren sich an Land von Insekten und anderen Krabbeltieren, sind mit ihrer handlichen Größe gutes Futter für Schlangen und Vögel wie Ringelnatter und Reiher. Gemessen an dieser sehr vielfältigen Bedeutung für den Kreislauf des Lebens gibt es eher wenige Arten. Weltweit sind es circa 7000, in Europa 90 und um alle Amphibienarten in Deutschland, der Schweiz und in Österreich aufzuzählen, braucht man nicht viel mehr als beide Hände. Es gibt zwei Salamanderarten, den schwarzen Alpensalamander und die markanten Feuersalamander, neben der häufigen Erdkröten noch Kreuz-, Wechsel-, Geburtshelfer- und Knoblauchkröten, Rotbauchunken und Gelbbauchunken, Teichmolche, Kammmolche, Fadenmolche, Bergmolche und Alpenmolche; und verschiedene Frösche. Laubfrosch, Moorfrosch, Grasfrosch, Springfrosch, Grünfrosch, der Seefrosch und der Wasserfrosch; und als Kreuzung aus diesen beiden noch den Teichfrosch. Von all diesen Arten sind kaum welche häufig, viele sogar selten oder auf der Roten Liste.

selbst wieder Eier – alles in noch nicht mal zwei Wochen. Wenn dann ihre Pfütze wieder trockenfällt, ist die Fortpflanzung gesichert und die Eier warten im Boden auf den nächsten Regenguss. Bis dahin rudern die Flohkrebse herum, futtern winzige Schwebalgen und werden von den nach und nach auch zum Wasser kommenden größeren Tierchen gefressen. Unken zum Beispiel sind spezialisiert darauf, sich in kleinen Gewässern fortzupflanzen, in denen noch keine Fische leben oder kein Molch herumstrolcht. Denn die würden den Laich wegfuttern. Hierzulande gibt es die Rotbauchunke und in höheren Lagen die Gelbbauchunke. Beide laichen auch nicht festgelegt im Frühjahr, sondern immer dann, wenn sie, durch ergiebige Regenfälle und Hochwasserereignisse ausgelöst, ein passendes Kleinstgewässer gefunden haben, das gerade Urkrebs- und Mückenbrutstätte wird.

Kleine Biodiversitätstipps für mehr Leben im Wasser

▶ Sie haben diese eine Stelle im Garten, wo immer sofort das Wasser steht, sobald es ein bisschen regnet? Herzlichen Glückwunsch. Hier kann man prima einen sogenannten »Regengarten« anlegen: Pflasterung, Geländegestaltung und Bepflanzung lenken das Wasser zu einer etwas größeren – natürlichen oder extra angelegten – Senke im Garten. Regenwasser rauscht nicht ungehindert in die Kanalisation, sondern sammelt sich dort und versickert langsam und vollständig ins Grundwasser. Bepflanzen sollte man eine solche Senke auch. Ideal sind feuchteliebende und tiefwurzelnde Stauden, am besten heimische Arten, die in der heimischen Natur gut zurechtkommen. Neben den typischen Sumpfpflanzen wie Sumpfdotterblume, Wasseriris oder Wasserminze eignen sich verschiedene feuchteliebende Gräser. Auch Fieberklee, Günsel, Wiesenschaumkraut, Mädesüß, Pfennigkraut oder Schachbrettblume haben gerne nasse Füße. Die Mischung aus Feuchtigkeit und vielen Blüten und Blättern zieht jede Menge Insekten an; die wiederum Insektenfresser wie Vögel oder Amphibien. So wird aus dem Regengarten ein wunderschönes Beet im Garten und das Wassersammeln hilft sogar auch noch der Artenvielfalt.

- In vielen Siedlungen, aber auch in weiten Teilen der freien Landschaft gibt es kaum mehr natürliche Gewässer oder sie sind wegen ihrer steilen Ufer schwer zugänglich oder die Strömung ist zu stark. Viele Vögel und Insekten brauchen Wasser, um aus ihrem Nistmaterial baufähige Matsche zu machen. Jedes bisschen Wasser ist deshalb Artenschutz pur, schon eine Vogeltränke oder Wasserschale hilft. Wespen und Schmetterlinge kommen dann zum Trinken, auch Igel, Mäuse oder Eichhörnchen. Rotkehlchen und Amseln baden dort.
- Wer einen Gartenteich anlegen möchte: Große Flachwasserbereiche sind wichtig. Die meisten Insekten und Käfer leben im Flachwasser und im wassernahen Uferbereich des Teiches. Außerdem können Tiere, die aus Versehen hineingeraten sind, dort wieder aussteigen. Auch das Umfeld des Teiches sollte tierfreundlich gestaltet werden, mit Pflanzen, Steinen, Blättern oder Totholz. Darunter überwintern Kröten und Frösche zum Beispiel gerne. Manche Arten überwintern allerdings auch gerne in der schlammigen Bodenschicht des Gewässers. Wenn Sie nur einen kleinen Teich haben, sollten Sie diesen vor dem Winter mit Maschendraht amphibiensicher machen. Kleine Teiche frieren nicht nur zu, sondern oft auch durch. Wer dann noch im Wasser wäre, würde sterben. Im feuchten Laub sind die Amphibien weit besser aufgehoben.
- Wenn im Frühjahr Frösche und Kröten auf Wanderschaft zu ihren Laichgewässern sind, werden Straßen gesperrt, Freiwillige sammeln Frösche und Kröten in Eimern, um sie sicher auf die andere Seite zu geleiten, damit die Amphibien dort ihre Eier ablegen können. Aber auch der Nachwuchs, der dann einige Monate später den Teich verlässt, verdient unsere Aufmerksamkeit. Hinschauen und Rücksichtnahme lohnen sich!
- Keine Angst vor Stechmücken: Die meisten Larven enden als Mahlzeit, bevor sie zum fertigen Insekt geworden sind. Je naturnäher ein Garten ist, desto mehr potenzielle Mückenfresser beherbergt er. Insekten locken Vögel und andere Insektenfresser wie Libellen, Fledermäuse und Spinnen an. Auch Wespen mögen und brauchen Mücken.

Im und um den Stall: Schwalben brauchen Mist und Mücken

Eine Schwalbe macht noch keinen Sommer – und ein Dachüberstand noch kein Schwalbenparadies. Diese eigentlich typischen Bauernhofvögel haben es schwer, vor allem die auch Hausschwalben genannten Rauchschwalben. Sie brüten am liebsten innen in Gebäuden, finden aber kaum noch Stellen, die in geeigneter Lage für sie zugänglich sind. Denn Viehställe mit Weidehaltung gibt es immer weniger, und wenn, dann sind es große, luftige Hallen, in denen es Schwalben nicht so gemütlich haben. Mehlschwalben sind eigentlich Felsenbrüter und nehmen in der Zivilisation mit Außenplätzen unterm Dachüberstand und in Toreinfahrten vorlieb.

Weil Schwalben ihre Nester oft in Menschennähe anlegen, sind ihre Eier und Küken durchaus in Gefahr, von kulturfolgenden Allesfressern verspeist zu werden: Marder, Dohlen und Elstern, Eichhörnchen und auch Ratten räubern gerne mal ein Nest aus. Diese Konsumenten sind aber auch dankbare Abnehmer für tote Küken und beseitigen zuverlässig anfallendes Aas.

Die erwachsenen Schwalben haben kaum noch Feinde, wer soll sie fangen, hoch in der Luft? Außer mal ein Falke, ab und zu. Der größte Feind der Schwalben ist der Hunger. Und hier kommen die Stechmücken ins Spiel, eine Art, über die selbst natur- und tierliebste Menschen sagen: »Also, wenn es die Mücken nicht gäbe, damit hätte ich wirklich kein Problem.« Die Schwalben schon, für sie sind Mücken wichtiges Futter, genauso wie für viele andere Vögel oder für Wespen, Spinnen und Libellen, Kröten und Frösche und Libellen.

Mücken sind aber nur ein kleiner Teil der Schwalbennahrung. Sie ernähren sich im Prinzip von allem, was sie im Flug erbeuten können, auch Blattläuse oder Ameisen in ihren Flugphasen. Schwalben brauchen bewegte Nahrung. Deswegen ist es unmöglich, wie bei Rotkehlchen und Amseln, sie mit Streufutter zu füttern. Sie erkennen diese schlicht nicht als Nahrung. Ähnlich ist das bei Mauerseglern und Fledermäusen.

Mücken und Mikroplastik

Als Larven leben Mücken im Wasser und ernähren sich dort von kleinsten Algen bzw. von dem, was sie sich mit ihren kammartigen Mundwerkzeugen aus dem Wasser in den Mund fächeln. Mehr und mehr ist auch Mikroplastik dabei. Das scheint die Tierchen wenig zu stören, sie wachsen und verpuppen sich und fliegen als fertige Mücke mit all dem angesammelten Plastik im Darm davon. In den Schwalben oder Kröten und den anderen Tieren, die in ihrem Leben Hunderte und Tausende Mücken fressen, reichert sich so aber eine ganze Menge Plastik an. In diesen größeren Tieren kann das minikleine Plastik den Darm verlassen und sich ins Blut oder sogar in die Zellen verteilen.

Ihnen Kisten, Kästen und Nistplätze anzubieten, was zahlreich geschieht, reicht deshalb nicht aus. Wenn sie die Jungen nicht großkriegen, weil ihr Nahrungsnetz reißt und es nichts für sie zu fressen gibt, können sie auf Dauer nicht überleben.

Und deshalb müssen wir jetzt mal über tierische Hinterlassenschaften reden. Ein ordentlicher Haufen Mist und Dung, all die Fladen, Köttel und Äppel, sind nämlich mehr oder weniger Insektenfabriken. Ein besonderes Gemisch aus Wasser, unzersetzten Pflanzenfasern und Darmmikroben, das jede Menge Fliegen meilenweit gegen den Wind riechen können. Manche treffen sich hier zur Balz oder legen ihre Eier hinein, wie die goldpelzigen Dungfliegen oder die glänzenden Schmeißfliegen, auch einige Schwebfliegenlarven leben im Kot. Dungkäfer aller Art kommen, wenn der frische Haufen schon ein bisschen trocken ist. Pilze und Bakterien, die sich ebenfalls im Dung ausbreiten, bieten Nahrung für Milben, Fadenwürmer und andere kleinste Krabbeltiere: Mehr als 200 Insektenarten in einem Kuhfladen haben Haufenforscher gezählt. Igel, Schnecken, Käfer, Spitzmäuse und auch Vögel wühlen darin herum und futtern die Larven weg, Fledermäuse sammeln sich die dicken Käfer raus. Nach ein paar Tagen ist der Haufen Mist quasi weg. Zersetzt und wiederverwertet. Wer übrig blieb und es schaffte, zu schlüpfen und zu

Lebensraum Nistkasten

Allein mit Moos, Stöckchen, Laub und anderem Nistmaterial kommen im Frühjahr jede Menge Untermieter ins Vogelnest: Asseln, Spinnen, Milben, Springschwänze und Aaskäfer. Sie sind quasi wie die Hausangestellten der Vögel, sie fressen Parasiten und bauen organisches Material ab – das, was übrig bleibt bei Vogels und was hinten rauskommt. Mehr am Blut der Bewohner interessiert sind Flöhe, Vogelmilben, Wanzen oder Federlinge, nicht um die Vögel zu töten, sondern um sich und den eigenen Nachwuchs zu ernähren. Warum Vögel diese Parasiten nicht einfach fressen, als Insektenfutter, statt sich von ihnen auffressen zu lassen? Vermutlich, weil sie Getier im Nest und im Gefieder nicht als Futter erkennen. Wer schon mal Vogelhäuschen gesäubert hat, weiß außerdem, wie viel Leben noch darin sein kann. Wespen und Hornissen haben vielleicht einen Staat gegründet und auch viele andere Tiere mieten sich zwischendurch in gerade nicht bewohnten Vogelhäusern ein: Hummelköniginnen, Siebenschläfer, Haselmäuse, Falter, Fledermäuse, Ohrenkneifer und Florfliegen.

fliegen, wird Schwalbenfutter. Und wer auch das überlebt, kann auch noch Blüten bestäuben – wie es zum Beispiel erwachsene Schwebfliegen machen – oder auf zum nächsten Haufen fliegen, um dort das ganze Spiel von vorne zu beginnen. Nebenbei sei erwähnt, dass viele dieser Insekten mindestens so nützlich sind wie die besonders beliebten Honigbienen – die außer bestäuben nicht viel machen und als Larve einfach nur in ihrer Brutwabe hängen und sich füttern lassen.

Grundsätzlich ist das ein uraltes eingespieltes System: Die Nahrung der Schwalben produzieren die Wiesen, Weiden und Haine über den Umweg Pflanzenfresserdarm. Pferde, Kühe, Ziegen mampfen kiloweise Grünzeug pro Tag und machen daraus faserreiche Fladen und Köttel. Dass es kaum noch Tiere auf der Weide gibt und draußen wie am Fließband Fladen und Mist hinterlassen, die Insekten hervorbringen, ist das eine Problem. Dass die wenigen tierischen Hinterlassenschaften durch Medikamente und Entwurmungsmittel quasi vergiftet sind, ist das

Fressen und gefressen werden rund um den Stall

① Mehlschwalbe
② Falke
③ Schmetterling
④ Schwebfliege
⑤ Schmeißfliege
⑥ Stechmücke
⑦ Dungkäfer
⑧ Maden
⑨ Elster
⑩ Schwalbennest
⑪ Steinmarder
⑫ Ratte
⑬ Wildbiene

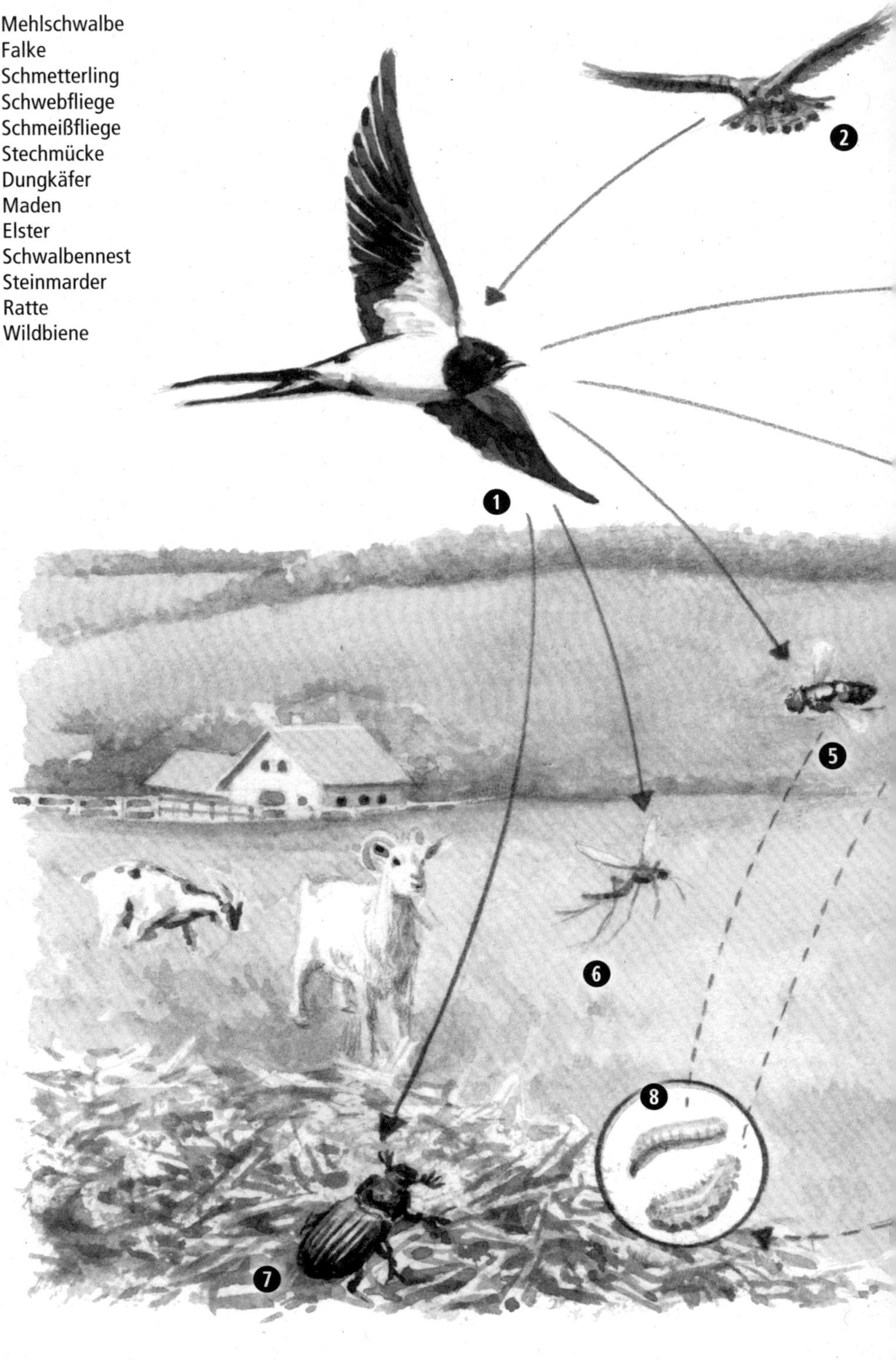

13
3
11
10
12
4
9

zweite. Kein Dungkäfer, keine Schmeißfliege, keine Schwebfliege und auch kein anderes Getier kann sie als Kinderstube für ihre Larven nutzen. Wer es versucht, stirbt meist; oder der Nachwuchs stirbt. Kuhfladen und die Pferdeäpfel bleiben oft liegen wie Beton. Und die Schwalbenküken hungern.

Nahrungsnetze im Rundblick: aus der Vogelperspektive

Nun ist die bäuerliche Landwirtschaft rückläufig und nur wenige können sich – wie ein Insektenhotel oder ein Vogelfutterhäuschen – einen Schafstall in den Garten stellen, die Tiere unbehandelt kötteln lassen und einen Teich für Mücken anlegen, damit die unterm Garagendach brütenden Schwalben genug fliegende Jagdbeute machen können. Aber von oben auf unsere heutige Welt geschaut, ginge in Städten und Dörfern doch so einiges, und zwar auf den Dächern. Das sind viele Quadratmeter Fläche, die – wenn sie bepflanzt wären – Wasser speichern, die Versiegelung des Gebäudes ausgleichen, die Luft säubern, das Klima abpuffern, Sauerstoff produzieren; und auch Pollen, Nektar, Blätter und Früchte für die Tierwelt anbieten könnten. Insekten lieben diese bunten Wiesen. Und Insekten sind Schwalbenfutter.

Werden die Fassaden ebenfalls zum Teil begrünt, kommen nicht nur fliegende Tiere hoch und hinein in diese hochgelegene neue Wildnis, sondern auch Käfer oder Eichhörnchen, Spinnen und Ameisen. Die Fassadenpflanzen bieten zusätzlich Blüten und Grün und außerdem Nistplätze für Arten wie Amseln oder Rotkehlchen. Der Fuß des Fassadengrüns wäre für Mäuse und Kröten ein toller Lebensraum. Und wo sich so viel Kleinvieh tummelt, sind Beutegreifer und Greifvögel nicht weit.

Um eine solche Wildnis an der Häuserwand anlegen zu können, ist man auf die Erlaubnis des Vermieters oder der Wohnbaugesellschaft angewiesen, wenn es kein Eigentum ist.

Aber was man auf seinem Balkon macht, darf jede und jeder selbst entscheiden. Mehr als 50 Millionen Balkone soll es allein in Deutschland geben und das sicherlich Zehnfache an Fensterbänken. Platz für ein bisschen Natur ist vorhanden! Zwar sind die Bedingungen hoch in der Luft rauer als im Garten. Balkonwetter ist eine Bewährungsprobe für nahezu alle Pflanzen. Bei Sonnenschein herrscht Wüstenklima, bei einer Brise ist es windig, bei Wind ist Orkan, bei Regen Hochwasser, bei Frost und Schnee fühlt man sich wie am Polarkreis. Und während man im Gartenbeet oft gegen überbordendes Wachstum anschneidet, muss man im Blumenkasten die Pflanzen ein bisschen mehr päppeln und hegen und pflegen.

Es lohnt sich, gut auszuwählen, was man pflanzt und sät. Es sollte robust sein und auch Bienen, Hummeln und Schmetterlingen Nektar und Pollen bieten. Es gibt mittlerweile extra bunte Wildblumenmischungen für Balkonkästen. Mohn, Schafgarbe, Rainfarn oder Färberkamille werden hier oben durch die harten Bedingungen etwas in ihrem wilden Wachstum gehemmt, bleiben kleiner, blühen aber oft genauso unermüdlich wie unten auf der Erde. Sie locken Bienen, Hummeln, Marienkäfer und Ohrenkneifer, bunte Wanzen und manchmal sogar Grashüpfer an. Auf Balkonen kommen auch alle Pflanzen gut klar, die ursprünglich in den Bergen, im Steppenklima oder im Mittelmeergebiet zu Hause sind, zum Beispiel Fetthenne oder Katzenminze, verschiedene Arten des Storchschnabels und Glockenblumen. Auch ein Trog voll Giersch kann schön sein, und hier oben eingesperrt in einen Topf, darf er sogar seine wunderschönen Blüten zeigen. Zarte, weiße Dolden, die bei aller Art Insekten beliebt sind. Auch Rauke, Radieschen oder Kohl kann man anbauen. Nicht unbedingt nur für die eigene Ernte. Einfach blühen lassen, das sieht toll aus und bietet Käfern und den Generalisten unter den Wildbienen reichlich Nektar. Wildgehölze wie Berberitze oder Felsenbirne können in Kübeln hier oben ebenfalls wachsen. Dazu noch Kerne und Körner und Nüsse auslegen, für Eichhörnchen und Vögel, eine Insektentränke in der Schale und ein bisschen Totholz als Deko – schon ist der Balkon ein Naturgarten an der Hausfassade.

Häuser sind natürliche Felsen und können vielen Tieren Wohnung und Jagdrevier sein. Schwalben gibt es ja nicht erst, seit es Dachüberstände gibt. Auch Dohlen, Fledermäuse oder Mauersegler mögen

Nistgelegenheiten, die hoch wie Bäume und verwinkelt wie Felsen sind. Möwen, Wildenten und Austernfischer brüten auf Flachdächern, Hausrotschwänze und Spatzen unter Dachpfannen und in Mauerspalten, Tauben scharenweise in und auf leer stehenden Gebäuden. Und wo viele Tauben sind, da siedeln sich vielleicht sogar Uhus an.

Kleine Biodiversitätstipps, damit Schwalben nicht die Fliege machen

- Schwalben brauchen Lehm und feuchten Matsch, aus denen sie dann die typischen Schwalbenkugeln kleistern. Die Trockenheit der letzten Jahre und immer mehr versiegelter Boden machen ihnen das aber ziemlich schwer. Helfen können künstliche Lehmpfützen, die sollten nicht mehr als 300 Meter vom Niststandort der Schwalben entfernt sein. Sonst trocknet der Lehm schon unterwegs zum Nest und taugt nicht mehr für den Bau. Graben Sie dazu eine flache Kuhle, 20 cm tief und etwa 1,50 m lang und breit oder rund, das ist egal. Auch eine alte Zinkwanne oder ein ähnliches Behältnis eignen sich, die kann sogar aufs Dach. Lehmige Erde einfüllen und alles schön feucht halten, bis der Nestbau vorbei ist, das war es dann schon.
- Was den Schwalben Lehm und Matsch für den Nestbau, ist vielen anderen Arten weiches Polstermaterial wie Moos oder Tierhaare. Auch Rohwolle nehmen die Vögel gerne. Wer mit Wolle mulcht oder seine Kübelpflanzen abdeckt, kann die Piepmätze live bei der Ernte beobachten. Bieten Sie ihnen doch zusätzlich Nistmaterial an. Praktischerweise sind auch Hund, Katze und Pferd um die Nistzeit herum im Fellwechsel. Dann ist es allerdings gut, wenn die herumfliegenden Fellflocken naturbelassen sind und nicht gerade frisch mit Anti-Zeckenspray behandelt wurden. Das tut den Vogelkindern dann wiederum nicht gut, denn Vögel sind gegen Giftstoffe sehr empfindlich.
- Wer einen Pool oder ein Planschbecken im Garten hat, weiß, wie viele Insekten darin aus Versehen landen und ertrinken. Nicht schön. Außer für die Schwalben. Denn sie können auch hier ihre Flugkünste anwenden und die Insekten fangen, die über dem Wasser kreisen oder darin zappeln. Ideal natürlich, wenn kein Chlor und keine Bio-

zide gegen Pilze, Algen und Bakterien im Planschwasser sind. Denn mit jedem Insekt nimmt die Schwalbe auch davon ein bisschen auf.

- Vögel haben eine flotte Verdauung und klecksen, wo sie sitzen, hopsen und fliegen – und wo sie nisten, natürlich auch. Vogeldreck ist nährstoffhaltig, quasi wie püriert, und für viele kleine Lebewesen eine Nahrungsquelle. Für uns Menschen ist er aber auch ein Ärgernis, wenn es die ganze Hauswand hinunterläuft. Der Vogeldreck ist für viele der Grund, Schwalben und anderen Vogelarten das Nisten zu vermiesen. Ein friedlicher Kompromiss für diesen Konflikt ist ein sogenanntes »Kotbrett«, ein gutes Stück unterm Nest angebracht, am besten aus naturbelassener Pappe, die wird dann vollgekleckst und am Ende der Brutsaison regelmäßig ausgetauscht und entsorgt.

Ist es zu hell, bleiben die Vögel hungrig

Weltweit brennt an immer mehr Häusern, Fabriken, Firmen und Geschäften nachts das Licht. Werbung blinkt, Straßen, Wege und Parks sind mit Laternen gesäumt, Berge und Baudenkmäler werden angestrahlt, Autobahnen taghell beleuchtet. Auch im Garten ist es mit den heutigen technischen Möglichkeiten und der sehr erschwinglichen Solar- und LED-Beleuchtung schnell gemacht, einen Baum, einen Busch, ein Beet oder einen Weg hell zu erleuchten und in Szene zu setzen. Was uns Menschen nützt und gefällt, stört die Tierwelt empfindlich. Für sie ist es ungesunde bis tödliche Lichtverschmutzung. Das gilt besonders für Insekten.

Den tagaktiven Insektenarten fehlt der biochemische Hinweis des Dunkelwerdens. Sie fliegen, flattern und kriechen einfach weiter herum und werden zahlreiche Beute von Kröten, Vögeln und Fledermäusen. Nachtaktive Arten orientieren sich am Licht und fliegen direkt in die Lampen. Insektenjäger wie Spinnen, räuberisch lebende Laufkäfer oder auch Fledermäuse sind genau an diesen hellen Stellen parat und ernten die erschöpften Nachtinsekten wie reifes Obst. Licht ist auch für die biochemischen Abläufe bei der Paarung wichtig. Ist es zu hell, passiert nichts. Keine Partnersuche, keine Paarung, keine Eier, keine neuen Käfer und Falter.

Auf der Mauer, in der Mauer: Steine bieten Futter

Mauern sind Menschenwerk, erfunden vielleicht von den ersten Viehzüchtern und Ackerbauern, um die Hühner einzusperren und vor dem Fuchs zu schützen und die Getreidepflanzen vor dem Brombeerdickicht. Die Mauern bestehen zwar nur aus Steinen, aber diese haben eine ganz besondere Eigenschaft: eine hohe Wärmespeicherkapazität. Dieser physikalische Fachbegriff bedeutet, dass sie Wärme – Sonnenstrahlen – lange halten und eher langsam wieder abgeben. Auch abends, wenn die Sonne weg ist, sind die Steine deshalb noch schön warm, wie eine kleine beheizte Insel. Und regnet es, saugen sich Steine nicht wie Holz, Laub oder Moos voll, das Wasser fließt einfach ab und die Steine sind schnell wieder trocken und warm. Das klingt gemütlich.

Für die meisten Pflanzen reicht das allerdings nicht als Lebensraum. Denn die Mauerfugen bieten nur kleinsten Wurzelraum und fast keine Wasserspeichermöglichkeit, auf der Schattenseite auch nur ein Minimum an Licht. Auf der sonnigen Mauerseite ist es oft heiß, sehr heiß, und trocken. Gerade diese Standorte ermöglichen es aber manchen Arten, echten Durst- und Hungerkünstlern, die mit einem Minimum an Wasser und Nährstoffen überleben können, in Ruhe zu leben, weil sich die pflanzlichen Platzhirsche mit diesen drittklassigen, mageren und unbequemen Plätzen nicht abgeben wollen.

Natürlich gibt es solche und solche Mauern, und je moderner der Mensch wurde, desto glatter betoniert und lückenloser verputzt wurden sie. Auf solchen Neubaumauern wächst fast gar nichts, weil sich kein Wasser halten kann, nicht mal tropfenweise, und auch kein Körnchen Nährstoff oder Erde. Das ändert sich oft erst nach Jahrzehnten mit der Verwitterung. Den besten Lebensraum bieten von Anfang an Trockenmauern aus Natursteinen.

Auf den Steinen kommen erst die Algen, wie immer, und bieten den ersten kleinen Krabbeltierchen, die sich einfinden, Nahrung zum Abweiden. Zum Teil bilden die Algen Lebensgemeinschaften mit Pilzen, das sind die vielen bunten Flecken und Fäden, die man auf Steinen oft sehen kann. Auch auf altem Holz kommen diese Flechten vor. Moos wächst auch sehr häufig auf Mauern. Diese kleinen, plüschigen Polster sind lebende Feinstaubfilter, in ihnen tummeln sich jede Menge kleinste Lebewesen, die wir auch schon beim Nahrungsnetz des Bodens auf Seite 44 kennengelernt haben: Bärtierchen und Springschwänze, Asseln und Fadenwürmer, kleine Spinnen und Schnecken und – je nach Größe des Moospolsters – Regenwürmer und Reptilien. Sie alle schätzen die angenehme Feuchte dort und dass sie reichlich zu fressen haben: pflanzliche Reste, die Ausscheidungen der anderen Lebewesen und natürlich fressen auch die Großen die Kleinen. Je nachdem, wie viel Substrat sich in den Fugen sammelt, kommen dann robuste Blütenpflanzen, wie zum Beispiel der Steinbrech oder Mauerpfeffer. Auch Lerchensporn und Schöllkraut oder das Mauerzimbelkraut wachsen gerne auf Mauern. Mit den Blütenpflanzen kommen noch mehr Insekten wie Bienen und Hummeln ins Nahrungsnetz der Mauer. Ameisen auch, sie fressen alles, Samen und andere Krabbeltierchen. Auf Moose und Flechten spezialisierte Falterarten wie die Flechtenbärchen, deren Raupen sich in Moosen und Flechten verpuppen und so überwintern, finden sich ebenfalls ein.

Andere Falter wie die nachtaktive Smaragdeule brauchen Farne für den Nachwuchs. Verschiedene Arten wie Wurmfarn, Rippenfarn oder Adlerfarn wachsen gut auf der meist feuchten Schattenseite des Mauerwerks. Dort fühlen sich auch Schnirkelschnecken, Weinbergschnecken oder Tigerschnegel wohl. Schnegel sind Nacktschnecken wie die Wegschnecken, zählen aber nicht zu den salatvernichtenden Vegetariern, sondern sind kleine allesfressende Raubtiere und Aasfresser. Sie mögen auch Pilze und fressen sogar andere Schnecken, die von der Feuchte und den Algen angezogen wurden.

Auf Farnen und anderen Mauerpflanzen abgelegte Schmetterlingseier wiederum sind leckeres Fressen für Käfer und Ameisen. Raupen und Puppen werden von Vögeln wie Amseln oder Spatzen gerne gefressen, für Raupenfliegen, Schlupfwespen und auch verschiedene Käfer

Fressen und gefressen werden auf und in der Mauer

① Mauereidechse
② Wühlmaus
③ Schlingnatter
④ Glatter Laufkäfer
⑤ Wolfsspinne
⑥ Tigerschnegel
⑦ Spitzmaus
⑧ Igel
⑨ Steinhummel
⑩ Kleiner Fuchs
⑪ Mäusebussard
⑫ Steinmarder
⑬ Nachtfalter
⑭ Fledermaus
11
9
10
8
5
6
7

Beine zählen

Krabbel- und Kriechtiere und anderes Kleinvieh: Sie gelten alle landläufig als »Insekten«, aber Spinnen, Schnecken oder Asseln zählen im biologischen Sinne nicht dazu. Wichtiger als die fachlich genaue Unterscheidung ist zwar der achtsame Umgang mit ihnen, aber interessant ist es doch, sie alle auseinander zu halten. An der Zahl der Beinchen sind sie ganz einfach zu erkennen: Insekten haben sechs Beine, Spinnentiere acht (weswegen auch Milben und Weberknechte zu den Spinnentieren gehören), Krebstierchen wie Mauerasseln haben zehn Beine und dann gibt es noch die Vielfüßer mit bis zu Hunderten von Beinen. Und alle zusammen sind Gliedertiere. Die ohne Beine, also Schnecken und Regenwürmer, heißen »Weichtiere«.

sind sie ebenfalls willkommene Leckerbissen. Es gibt sogar eine Käferart – den Puppenräuber –, der seine Beutetiere im Namen trägt. Dieser gehört zu den Laufkäfern, die allesamt gefrässige Raubtierchen sind, sie brauchen täglich circa das Dreifache ihres eigenen Körpergewichts an Raupen, Schnecken, Schneckeneiern, Asseln, Engerlingen und Würmern.

Weil viele Insekten und andere Gliedertiere wärmeliebend sind, summt und brummt, wimmelt und krabbelt es nur so auf einer Mauer. Zwischen den Steinen und in den Lücken leben Spinnen wie die Wolfsspinne, die ganz ohne Netz Jagd auf vorbeilaufende Ameisen oder Käfer macht. Sie selbst ist ein weicher Leckerbissen für Vögel, Fledermäuse und Mauereidechsen. Die Eidechsen fressen sich hier quer durch die Insektenvielfalt an Flechtenbärchen und anderen Faltern, Puppenräubern und anderen Käfern, Ameisen, Heuschrecken und Wanzen, halten aber auch nach Schnegeln und Schnecken, Asseln und Regenwürmern oder Spinnen Ausschau. Der Tisch ist hier für sie reich gedeckt, ebenso für Spitzmäuse und Igel. Auch die Steinhummel ist in diesem Lebensraum zu finden, sie erfreut sich am Nektar der Mauerpflanzen und baut in Spalten und Löchern gerne ihr Nest.

Die Mauereidechsen lieben diese Hohlräume zwischen den Steinen ebenfalls. Hier ist es im Winter warm und im Sommer nicht zu heiß. Ideal, um die Eier von der Wärme der Steine ausbrüten zu lassen, wenn am Mauerfuß keine geeignete vegetationsfreie Fläche zum Vergraben zu finden ist. Gebüsch und Wildpflanzen am Fuß der Mauer und auf dem Mauerkopf bieten ihnen Deckung vor großen Vögeln wie dem Mäusebussard oder den Krähen, wenn sie auf Jagd gehen, und das klappt auch meistens sehr gut. Nur Schlingnattern sind oft erfolgreich bei der Eidechsenjagd. Zwar können die Eidechsen die Schlangen riechen und versuchen, zu flüchten, aber die Schlingnattern kommen ihnen bis in die kleinste Lücke nach.

Schlingnattern werden wiederum von Bussarden gejagt und von Rabenvögeln gefressen, auch der Steinmarder frisst Nattern. Der ist der Top-Prädator in diesem Gebiet, vor dem sich auch der Bussard oder zumindest seine Nestlinge in Acht nehmen müssen. Der Marder frisst Eidechsen aber nur mehr nebenbei, lieber sind ihm Mäuse – die leben in diesen warmen futterreichen Biotopen auch sehr gern.

Nahrungsnetze im Rundblick: über die Gartenmauer geschaut

Unsere Umgebung bietet noch mehr steinige Lebensräume. Besonders in Weinbauregionen ist die Landschaft oft durch Natursteintrockenmauern quer zu den Anbaufeldern geprägt. Da Reptilien genauso wärmeliebend sind wie Rebstöcke, haben Schlangen und Eidechsen hier einen wichtigen Lebensraum. Seit aber auch Winzer mehr und mehr mit Vollerntern und intensiver Effizienz an die Arbeit gehen und kaum noch jemand das Trockenmauern beherrscht, müssen die Mauern vielfach weichen. Und die Eidechsen verschwinden damit ebenfalls.

Auch Bahnhofsgelände und Gleisbetten sind oft warm, licht bewachsen und werden deshalb von Reptilien besiedelt. Der Kies im Gleis heizt sich schnell auf, Regen läuft gut ab, zwischen den Steinen gibt es Hohlräume, die vor der Mittagsglut oder Winterkälte schützen. Blütenreiche Randstreifen locken Insekten an – Eidechsenfutter. Diese Industrieflächen sind allerdings keine Naturschutzflächen. Es hängt vom guten

Willen des Betreibers ab, ob bei den Bewirtschaftungsmaßnahmen oder auch bei einer Umnutzung tierschonend gehandelt wird oder nicht. Die Schweizer Bundesbahn hat daraus ein Modellprojekt gemacht: An vielen Strecken werden Gehölze und Böschungen nur noch abschnittsweise und gestaffelt gestutzt, um nicht allen Tieren gleichzeitig den Lebensraum und die Nahrungsgrundlage zu zerstören. Bahngebäude werden mit Klettergewächsen und Gründächern zu zusätzlichen Lebensräumen. Kleine künstliche Tümpel an der Strecke, die bei Starkregen volllaufen, bieten Tieren mit einer Vorliebe fürs Feuchte Platz und Wohnraum. In manchen quaken sogar Unken.

Auch Friedhöfe sind mit ihren Mauern, Mausoleen und Grabmälern eine Art künstliche Stein- und Felslandschaft. Weil auf Friedhöfen keiner rennt und tobt, weil Hunde, Fahrräder und Autos draußen bleiben müssen und abends die Tore für alle geschlossen werden, weil rund ums Jahr viel grünt und blüht und dort große alte Bäume stehen, sind Friedhöfe ein perfekter Rückzugsraum für die Natur. Auf kleiner Fläche finden sich hier vielfältige Strukturen, von Kiesgräbern bis zu alten hohen Bäumen, von blühenden Pflanzflächen bis zu Wegen, Gewässern und Wiesen. Heuschrecken oder Spitzmäuse, Wildbienen oder Schwebfliegen: Alle sind hier mit mehr Individuen und Arten vertreten. Und immer gibt es auch Arten, die in ihren Ansprüchen eher speziell sind und auf dem Friedhof anders als sonst in unserer Kulturlandschaft ihr Auskommen finden. Das lässt sich auch für die Pflanzenwelt sagen: Ob wilde Kräuter oder Gräser, seltene Orchideen, Farngewächse oder auch Moose und Flechten, ein Teil davon kommt im jeweiligen Stadtgebiet nur auf dem Friedhof vor und einige davon stehen auf der Roten Liste.

Besonders auf naturnah bewirtschafteten Friedhöfen sind deshalb die Nahrungsnetze dichter geknüpft als anderswo. All die Wiesen, Wege, Komposthaufen, Grabbepflanzungen und Efeuranken, Heckensträucher und alten Bäume bilden nicht nur ein eng verzahntes Mosaik aus Kleinstlebensräumen, sondern bieten wegen der Bewohnerdichte auch jede Menge zum Fressen und Gefressenwerden: Blütennektar, Blattgrün

Felsen, Berge und Tourismus

Ganz natürlich durch die Kräfte der Geologie entstandene, steinerne Lebensräume sind vor allem die Berge, das Hochgebirge. Hier sind die Bedingungen zum Teil so karg und hart, dass ein großer Teil der Felsen auch immer Felsen bleibt, unbewachsen und oft monatelang von Schnee bedeckt.

Gejagt, gesammelt und Almwirtschaft betrieben, das hat der Mensch in den wirtlicheren Bereichen der Gebirge schon seit Tausenden Jahren, aber nur in einem winzigen Bruchteil des heutigen Ausmaßes. Mit dem Wohlstand kamen immer mehr Touristen in die Abgeschiedenheit der Berge, heute transportieren Gondelbahnen und Skilifte sommers wie winters Tausende und Abertausende Menschen auf die Gipfel. Lärm und Müll, Versiegelung und Zersiedlung machen Tieren und Pflanzen ihr ohnehin hartes Leben hier oben noch beschwerlicher. Schneekanonen machen Krach und verbrauchen Energie und Wasser, der Kunstschnee schmilzt später, der Boden unter Skipisten ist oft verdichtet. Tourengeher und Schneeschuhläufer, die abseits des Skizirkus die Ruhe der Natur suchen, stören Gämsen und Raufußhühner auch dort noch auf, wohin diese sich vor den Menschenmassen und der Musik zurückgezogen haben.

Auch der Klimawandel stresst die Bergwelt: Die Gletscher schmelzen und viele Arten breiten sich vom Tal nach oben aus, weil es sich jetzt hier ganz angenehm wachsen und leben lässt. Kälteliebende Bergbewohner wie der Gletscherfloh und Gletscherhahnenfuß oder der lackschwarze Alpensalamander weichen weiter nach oben aus. Bis es irgendwann nicht mehr weitergeht.

Auch in den Mittelgebirgen und Höhenzügen gibt es neben viel Wald auch steinerne Lebensräume, Kiesgruben oder Steinbrüche. Letztere werden, nachdem sie nicht mehr bewirtschaftet werden, oft für den immer beliebteren Klettersport genutzt – und vor allem dafür fein gemacht. Das stresst viele, die dort gerne leben.

und Früchte für die Primärkonsumenten, Käfer, Spinnen und Regenwürmer für Sekundärkonsumenten wie Mäuse und Bilche, Fledermäuse und Singvögel, die wiederum fette Beute für die Konsumenten höherer Art wie zum Beispiel Marder, Schlangen und Eulen sind. Mit dieser Fülle an Lebewesen und Lebensräumen sind Friedhöfe außerdem wichtige Trittsteinbiotope, die vergleichbar mit Steinen im Wasser den Pflanzen und Tieren ermöglichen, zur nächsten grünen Insel zu gelangen.

Kleine Biodiversitätstipps, um Steine zum Leben zu erwecken

- Nicht überall ist Platz oder Gelegenheit, eine Trockenmauer anzulegen und sie bunt bewachsen zu lassen. Mit Efeu, Hopfen, Geißblatt, Waldreben und anderen Kletterpflanzen lassen sich aber auch Ziegelmauern, Betonwände und Drahtzäune in lebendige Wände verwandeln. Das gilt natürlich auch für Hauswände oder Schuppen.
- Keine Angst vor Moos und Flechten. Sie zerstören nicht die Mauersubstanz. Bitte nicht entfernen, sondern den schillernd grünen oder leuchtend orangen, hellgelben, blaugrauen, schwarzen oder weißen Anblick genießen. Ohne diese lebendigen Polster sammelt sich auf der Mauer keine Erde, es wachsen keine Pflanzen, es kommen keine Insekten und Ameisen, Eidechsen finden keine Nahrung. Moose und Flechten sind im Nahrungsnetz der Mauer wichtige Knotenpunkte.
- Mauereidechsen sind gebunden an warme Steinlandschaften, Zauneidechsen mögen besonders gerne Baumstümpfe, Zaunpfähle, Brennholzstapel und anderes Altholz, zum Sonnen und Insektenjagen. Steinhaufen, offene Sandflächen für die Eiablage und Totholzstämme lassen sich überall anlegen. Eine solche »Eidechsenburg« ist gleichzeitig ein dekoratives Gartenelement.
- Hühner im eigenen Garten zu halten, ist ein kleiner Trend, auch in der Stadt. Hühner fressen aber sehr gerne junge Eidechsen. Wer welche im Garten hat und das Federvieh nicht einsperren mag, sollte die Hühner von den Eidechsenbereichen aussperren. Auch frei laufende Katzen sind ein Teil des Nahrungsnetzes. Schnittgut von stacheligen Rosen oder dornigen Sträuchern sorgen für Rückzugsorte.

Sträucher, Blüten, Hagebutten: Hecken bieten mehr als viele Gärten

Eine Hecke ist oft mehr als ein ganzer Garten, eine *gute* Hecke, wohlgemerkt. Denn auch bei Gehölzen gibt es viele Unterschiede: Kirschlorbeer, Lebensbaum und Eibe bilden zwar auch grüne Zäune, sie sind aber dennoch eher tot und artenarm und oft noch mit viel Dünger, Pflanzenschutzmittel und Energie am Leben und in Form gehalten. Aus Sicht von Nahrungsnetzwerkern und Artenschutzaktivistinnen besteht eine ökologisch wertvolle Hecke aus heimischen, unterschiedlichen Sträuchern wie Kornelkirsche, Holunder, Berberitze, Weißdorn und Hasel, sodass sie rund ums Jahr immer irgendetwas an Blättern, Blüten und Früchten bietet. Auch hier gilt wie immer, je diverser, desto besser. Eine solche Hecke ist dann weit mehr als eine Grenze um den Garten, es ist ein eigener vernetzter Lebensraum für viele, viele Tierarten, besonders, wenn sie von einem strukturreichen Saum umgeben ist.

Die Tiere sieht man oft nicht, weil es sich in Hecken so gut verstecken lässt, was genau der Grund ist, sich dort anzusiedeln. Die Haselmaus zum Beispiel, die zwar Maus heißt, aber ein Bilch ist, wie ihre großen Verwandten Siebenschläfer und Gartenschläfer. Verglichen mit Mäusen und anderen Nagetierchen, haben sie einen dicken Puschelschwanz. Allen Bilchen gemeinsam ist, dass sie wirklich viel schlafen: Bis zu acht Monate halten sie Winterschlaf. In dieser langen Zeit fressen sie nichts, umso mehr müssen sie im Herbst futtern, um sich darauf vorzubereiten. Haselmäuse mögen Haselnüsse, aber eigentlich fressen sie alles: Nüsse und Bucheckern, Brombeeren, Knospen und Blüten, Samen und Früchte. Sie fressen auch Vogeleier und natürlich Insekten, egal, ob Blattwespenraupen oder Käferlarven.

Bilche sind wie kleine Heckenschweinchen, Allesfresser, und überhaupt nicht wählerisch. Sie fressen sogar Schnecken, denen sie vorher geduldig den Schleim abpfriemeln, und sie verspeisen auch die eigentlich sehr grantigen und giftigen Hundertfüßer. Also alles, was in der Hecke gerade an Fressen weg muss, landet bei ihnen. Sie selbst werden

1
2
3
4
5
7
8

Fressen und gefressen werden in der Hecke

① Haselmaus
② Haselstrauch
③ Haselnussbohrer
④ Raupen der Breitfüßigen Birkenblattwespe
⑤ Nest der Heckenbraunelle
⑥ Heckenbraunelle
⑦ Brombeere
⑧ Rebhuhn mit Nest
⑨ Feldhase
⑩ Nacktschnecke
⑪ Mauswiesel
⑫ Uhu

Kuckuck, Kuckuck …

Das »Brutverhalten« des Kuckucks ist das Synonym für Schmarotzertum und damit auch namensgebend für andere Tiere, die sich ähnlich verhalten: die Kuckuckshummeln zum Beispiel oder der Kuckuckswels. Frau Kuckuck kundschaftet andere Vögel aus, und wenn die Eier der auserkorenen Pflegeeltern im Nest liegen und diese für einen Moment außer Haus sind, dann packt sie ihr Ei dazu. Einen Teil der anderen Eier wirft sie raus oder frisst sie oder die Kuckuckskinder erledigen das später mit ihren Ziehgeschwistern. Sogar die Eierfarbe hat sie passend zur ausgewählten Vogelart angepasst. Warum macht sie das? Und warum lassen die anderen Vögel das zu? Darüber kann man herrlich spekulieren. Meine Lieblingsthese ist die: Wir lassen das böse Wort Schmarotzer weg, verabschieden uns von der in die Tierwelt hineininterpretierten Ellbogenmentaliät und sehen das Ganze als Arbeitsteilung an. Die Kuckucksjungen sind quasi bei Pflegeeltern, während die Kuckuckseltern die Welt retten und keine Zeit haben, sich um die eigenen Kinder zu kümmern. Denn Kuckucks machen Jagd nach Insekten, die nicht in kleine zarte Kükenschnäbelchen hineinzubekommen sind. Kuckucke fressen nämlich ohne zu zucken auch behaarte, nesselnde Raupen wie die der Eichenprozessionsspinner. Die müssen ja auch weg.

so zu feisten kleinen Happen für Beutegreifer wie Mauswiesel. Diese machen keinen Winterschlaf und brauchen deshalb auch in der kalten Jahreszeit regelmäßig Mäusespeck. Und wenn die Hecke mit winterdösigen Haselmäusen und anderen Leckerbissen gespickt ist, kommt das Wiesel gut durch die Kälte. Und bietet sich als Nahrung für große Greifvögel und Eulen, Hermeline, andere Marderarten und den Fuchs an.

Andere Heckenbewohner sind nicht so vielseitig. Der Haselnussbohrer, ein niedlich aussehender Käfer mit langem Rüssel zum Beispiel braucht Haselsträucher. Die Blätter zum Fressen, die Nüsse als Kinderstube. Dort hinein legt die Haselnussbohrer-Mutter ihre Eier. Die Larven fressen sich dick und wenn die Nuss zu Boden fällt, kriechen sie heraus und in den Boden, um dort auf das Frühjahr zu warten und sich zu verpuppen. Ein großer Teil von ihnen endet aber vorher als feiner, fetter Happen für die Vögel.

Vögel gibt es in der Hecke jede Menge, Spatzen, Rotkehlchen und Meisen beispielsweise. Oder die Heckenbraunelle: Sie schätzt dort nicht nur den Brutplatz, sondern auch die Möglichkeit, mittelhohe Äste als Ansitz für die Insektenjagd zu nutzen. Auch der Kuckuck kommt in Hecken in der freien Landschaft vor, hat er doch in einem so dicht besiedelten Gebiet reiche Auswahl an potenziellen Kuckucksnestern. Und außerdem viel zu fressen.

Die Artenliste im Nahrungsnetz der Hecke kann noch lang und länger werden. In Hecken leben Spitzmäuse aller Arten, Waldeidechsen, Erdkröten und jede Menge Schnecken, mit und ohne Haus. Hundertfüßer hatten wir schon, und es gibt noch viele kleine Tierchen mehr, die gerne Insekten fressen oder die in allen Höhenstationen des Buschwerks kriechen, krabbeln und fliegen. Auch Igel sind typische Heckentierchen. Sie finden darin Fressen und Unterschlupf. Feldhasen schätzen das Angebot an Kräutern und Blattwerk, vor allem im Heckensaum, und auch Rebhühner fühlen sich in diesem Lebensraum in der freien Landschaft ganz und gar wohl. Ihren Küken füttern sie Insekten, Larven und Raupen, Ameisen, Käfer und Blattläuse. Die erwachsenen Tiere mögen lieber Grünzeug und Samen. Rebhühner werden vom Fuchs gejagt – haben in der Hecke aber doch gute Chancen, ins Gestrüpp zu entwischen. Dann frisst der Fuchs halt Mäuse und Beeren.

Hungrig werden sie alle nicht bleiben, auch nicht in privaten Gärten, wenn die Hecke nicht aus Ziersträuchern besteht, die keine Früchte bilden; wenn es genug Insekten gibt, die all das bestäuben, was da blüht; wenn es genug Insektenfresser gibt, die Raupen und anderen grünzeughungrigen Insektennachwuchs daran hindern, sich zu stark zu

vermehren und die eigene Nahrungsgrundlage wegzufressen. Kleine Beutegreifer werden Insektenfresser fressen, sodass diese nicht zu viele Insekten fressen. Und natürlich muss es Aas- und Allesfresser geben, die sich um die Reste und das Überzählige kümmern, und Destruenten, die Holz, Nussschalen und Blätter zerkleinern. Sie werden die darin enthaltenen Nährstoffe den Wurzeln von Holunder, Brombeere und Brennnessel wieder im Kreislauf des Lebens zur Verfügung stellen.

Nahrungsnetze im Rundblick: Hecken als Teil der Wildnis

Mit Gärten und öffentlichen Grünanlagen hatten Hecken ursprünglich nicht viel zu tun. Dass Hecken heutzutage hauptsächlich in Parks und in Hausgärten vorkommen und dort als liebevoll ausgewählte und exakt in Form gebrachte Pflanzenkombination vorherrschen, ist relativ neu. Ursprünglich waren die Hecken an Flüssen und entlang von Wanderrouten von Tieren entstanden und mal hier, mal da neu aufgewachsen.

Hecken – gute Hecken – sind nicht nur Dekoration, Wohnstatt, Jagdrevier und Nahrungsquelle für Tausende Tierarten, sondern auch deren Verbindungsnetz. Entlang der grünen Korridore kann man bequem von Lebensraum zu Lebensraum wechseln, große Tiere direkt, kleine Arten generationenweise. Gibt es die Hecken nur kreisförmig angelegt, rund um Gärten oder verinselt in Parks, drehen sich auch die Arten im Kreis. So kommt man nicht rum in der Welt und trifft auch keine paarungswilligen Artgenossen.

Lange haben Heckensträucher in der bäuerlichen Kulturlandschaft überdauert, entlang von Wirtschaftswegen, als Grenze für Ländereien, als Windschutz, Brennholzlieferant, fürs Körbeflechten. Die Früchte wurden vielseitig genutzt, Hagebutten beispielsweise, und wir haben haufenweise Begriffe für unsere Hecken: Hag und Knick, Wall und Hain.

Biologen haben für natürliche Hecken einen prototypischen Aufbau festgelegt. In der Mitte, der Kernzone, wachsen Vogelkirsche, Feldahorn oder Salweide, dann kommt die Mantelzone mit Sträuchern, wie Weißdorn, Holunder, Hasel oder Hundsrose, und die Saumzone mit Stauden, rankenden Wildpflanzen und Wildkräutern. In der Realität

Gefährliche Wanderschaft

Viele Tiere legen im Laufe ihres Lebens und im Jahreslauf weite Strecken zurück: Zugvögel verlassen ihr Sommerquartier, wenn es dort zu kühl oder die Nahrung knapp wird. Manche fliegen dann von hier aus in den Süden, manche kommen aus dem Norden hierher. Aber auch Schmetterlinge ziehen, Distelfalter und Monarchfalter zum Beispiel. Oder: Fische, Lachse zum Beispiel teils im Meer, teils in den Flüssen. Selbst große Meeressäugetiere wie Wale wechseln zwischen Polarmeer und tropischen Gewässern. Unterwegs kann viel passieren, das ist das Gefährliche an diesen Wanderungen. Dass ein Teil der Tiere umkommt oder gefressen wird, gehört zum Prinzip Nahrungsnetz dazu, aber wenn – wie bei den Zugvögeln – Millionen Tiere in den Winterquartieren aus Tradition oder Not gefangen und gegessen werden und in den Sommerquartieren zu Tausenden und Hunderttausenden geschossen werden, dann ist das zu viel. Und es reicht nicht, einen ihrer Lebensräume zu schützen, es müssen dann schon möglichst alle sein, damit die wandernden Arten für die Nahrungsnetze nicht verloren gehen.

ist keine Hecke wie die andere. Und es gibt zu wenige. Die Landwirtschaft braucht große Felder, die mit großen Maschinen zu befahren sind, jeder Meter wird genutzt. Gerade aber in diesen Agrarwüsten, aus Sicht der Artenvielfalt, wären Hecken wichtige Lebensräume. Vor allem wandernde, seltene Arten brauchen sie unbedingt als Trittsteinbiotope. Aber auch die sogenannten »Allerweltsarten«, die es eigentlich überall gibt, weil sie relativ flexibel in ihren Lebensraumansprüchen sind, fallen ja nicht vom Himmel. Sondern kommen oft aus der Hecke. Hecken sind die Adern der Artenvielfalt.

Und auch wir als gärtnernde oder parkbenutzende Menschen haben sehr viel mehr von einer lebendigen Hecke. Rundherum bildet sich ein günstiges Kleinklima, die Sträucher bremsen den Wind, filtern Staub und Lärm. Was dann noch mehr gute Gründe sind, rund um den Garten oder den Sitzplatz eine Hecke anzulegen.

Kleine Biodiversitätstipps, damit es noch lebendiger wird

- Für einen kleinen Garten kann eine ganze Hecke zu groß sein. Einzelne Wildsträucher auf dem Grundstück sind dann besser als nichts. Wichtig ist in jedem Fall, heimische Arten zu setzen. Die Tierwelt ist meist sehr desinteressiert gegenüber Unbekanntem. Je kleiner und spezialisierter das Tier, desto stärker. Einem Reh oder einem Kaninchen ist es mehr oder weniger egal, welche Blüten, Knospen und Blätter es frisst, meist dauert es nur ein bisschen, bis sie Neues probieren. Auch Vögel merken nach ein paar Generationen, dass Buchsbaumzünslerraupen auch nur Raupen sind. Aber der Haselnussbohrer wird ohne seine Haselnuss einfach nicht wissen, wohin mit sich und seiner Brut. Und auch viele andere Insekten brauchen ihre Lieblingspflanze. Nichtheimische Pflanzen haben ihnen zu wenig zu bieten. Ein Beispiel ist der Schmetterlingsflieder, der zwar wegen des Nektars von Faltern umschwärmt wird wie eine Schüssel mit reifem Obst. Als Raupenfutter nutzen sie ihn aber nicht. Ohne Raupen gibt es aber keine neuen Schmetterlinge, und auch alle, die Raupen fressen, haben Hunger. Noch viel mehr gilt das für den Kirschlorbeer, der ökologisch wertlos ist. Manche exotischen Gartenpflanzen werden sogar damit beworben, dass sie nicht angefressen werden. Das mag für ordnungsliebende Menschen sehr praktisch sein, für die Biodiversität sind diese Sträucher aber schädlich. Bekannte Gehölze wie Weißdorn, Eberesche, Hasel oder Holunder ernähren Hunderte verschiedene Tierarten, direkt durch Blüten und Blätter, aber auch indirekt, indem die Konsumenten selbst zu Fressen werden.

- Wer keinen Platz für eine Hecke hat oder keine Sträucher pflanzen kann, weil ein Zaun oder eine Mauer vorgesehen sind, hat mit Efeu eine Pflanze, die so etwas ist wie die sprichwörtliche ökologische und gärtnerische »eierlegende Wollmilchsau«. Efeu begrünt schnell Zäune, Müllhäuser, Carports und Mauern und wird in der Regel auch von sehr ordnungsliebenden Menschen akzeptiert. In den immergrünen Ranken nisten Vögel, Haselmäuse, Hummeln und viele andere Tiere. Efeu blüht erst im Herbst, von Mitte September bis weit in den November, und bietet damit antizyklisch zum Rest der Natur genau dann Nektar und Pollen, wenn es sonst kaum noch etwas gibt. Die gelbgrünen Blüten verströmen weithin ihren würzigen Duft und locken Ameisen und Wespen, Bienen und Hummeln, Feuerwanzen, Fliegen aller Art und Schwebfliegen an. Auch Schmetterlinge lieben Efeu. Für Wanderfalter wie Distelfalter oder Admirale gibt's hier wichtigen Treibstoff für den Flug nach Süden. Auch Marienkäfer naschen am Nektar oder knuspern an den Algen- und Pilzbelägen auf den dicken Efeublättern, genau wie Schnecken. Spinnen spannen darin ihre Netze auf, um sich aus der fröhlich fressenden Insektenschar ihr eigenes Futter zu fangen. Nach der Blüte, im Winter, reifen die Früchte zu blauschwarzen Kugeln und ernähren Amseln und andere Vögel.

Damit Efeu all das Potenzial entfalten kann, muss er nur richtig behandelt werden. Möglichst wenig. Vor allem sollte man ihn nicht ständig schneiden und stutzen, damit sich Blütentriebe bilden können. Die wachsen ohnehin erst, wenn der Efeu zehn bis zwanzig Jahre alt ist. Und: nicht im Sommer schneiden, wenn doch geschnitten werden muss. Denn dann fällt die Blüte aus und Früchte gibt es auch nicht.

- Unter einer echten Hecke wächst ein Saum aus vielen Pflanzenarten, die sie erst so richtig lebendig machen. Auch das sieht meist nicht so aus, wie viele sich einen ordentlichen Garten vorstellen, weswegen oft links und rechts der Hecke alles frei geschnitten wird. Falllaub und kleine Ästchen werden weggepustet oder aufgesaugt, bis nur noch nackte Erde zu sehen ist. All das Untergestrüpp ist aber als natürliche Mulchdecke wichtig, sie bietet den Bodentieren ein Dach – und Material zum Destruieren. Deshalb, ob im Kleingarten oder im Stadtpark, bitte nicht über den Wildwuchs beschweren. Wenn man denkt: »Herrje, wie sieht es denn hier aus?«, dann ist es für die Biodiversität genau richtig.

- Hecke schneiden oder nicht? Schneiden! Nicht nur, weil die Büsche sehr schnell sehr groß werden. Sondern auch, weil Hecken gestutzt werden müssen, um ihr volles Lebensraumpotenzial zu entfalten. Was widersprüchlich klingt, ist schnell aus Sicht der Evolution erklärt: Vor Tausenden von Jahren taten sich Mammuts, Wollnashörner und Auerochsen auf ihre mega-kräftige Art an frischen Trieben und grünen Zweigen gütlich. Trampelten hier etwas platt, knickten dort was ab, schubberten sich gerne mal das Fell. So blieb die Hecke im Rahmen, und weil die Sträucher an den Knick- und Bissstellen wirr und verzwirbelt neu austrieben, wurde die Hecke immer dichter, verzweigter und zu einem noch besseren Gebüsch, Versteck und Nistplatz.
- Wichtig ist nur, nicht zu schneiden, wenn noch jemand im Winterschlaf ist oder schon beim Brüten. Und nicht alles auf einmal entfernen. Das »Auf-den-Stock-setzen« einer ganzen Hecke war früher üblich, um Brennholz zu ernten, und wird von den Bauhöfen heute der Einfachheit halber so gemacht. Wächst ja wieder nach. Aber es raubt auf einen Schlag allen, die dort wohnen, das Dach über dem Kopf, ohne die Möglichkeit, auf einen Nachbarbusch auszuweichen. Haselmäuse und Rebhühner wachsen nicht so einfach nach. Wenn sie erstmal weg sind, haben sie es schwer, zurückzukehren, vor allen Dingen, weil es nur noch so wenige Hecken gibt, die sie als Wanderroute benutzen können. Deshalb immer nur abschnittsweise vorgehen, jeweils maximal ein Viertel der gesamten Hecke auf den Stock setzen.

Zurück nach Hause: leben und leben lassen

Zurück vom Spaziergang und kurz vor einem kleinen Ausflug in die Nahrungsnetze der weiten Welt möchte ich nicht vergessen, zu erwähnen, dass Nahrungsnetze nur einer von vielen verschiedenen Kreisläufen sind, die das Leben auf unserem Planeten in Gang halten.

Nahrungsnetze sind im Wesentlichen Stoffkreisläufe. Pflanzen nehmen Nährstoffe wie Kalium, Stickstoff, Phosphor und Kalzium aus dem Boden auf, stellen diese all den großen und kleinen fliegenden, pflanzen- und fleischfressenden Konsumenten zur Verfügung. Den Konsumenten, die mit ihrem Dasein die Lebensräume vielfältig gestalten und damit auch Wuchsorte für die Produzenten schaffen. Wenn Pflanzen und Tiere sterben, zerlegen Destruenten ihre Überreste wieder in die Nährstoffeinzelteile, die dann wieder neue Pflanzen ernähren und wachsen lassen. Ich denke, das ist klar geworden. Auch, dass ohne Sonne dieser Kreislauf schnell zum Stillstand kommen würde. Denn was ein Organismus an Nahrung aufnimmt, verbraucht er zum großen Teil für seinen eigenen Stoffwechsel und nur einen kleinen Teil dafür, um zu wachsen. Beim Sekundärkonsumenten kommt also weit weniger Energie an, als der von ihm verspeiste Primärkonsument mit dem sich einverleibten Primärproduzenten aufgenommen hat. Und so weiter. Bei den Destruenten, die einen Top-Konsumenten recyceln, kommt nur noch ein Bruchteil der eigentlichen Energie an.

Die Energie holen sich Pflanzen immer wieder neu von der Sonne, die ihre Strahlen reichlich zur Verfügung stellt. Auch Wasser ist wichtig, ohne Wasser kein Leben, ohne Wasser funktionieren die Stoffwechselprozesse nicht. Aus den Weltmeeren verdunsten über 500 000 Kubikkilometer Wasser pro Jahr, ein Teil davon regnet auf dem Festland ab und wird von den Flüssen wieder ins Meer transportiert.

Oder Stickstoff. Der Stoff des Lebens, alle Lebewesen brauchen ihn, um Proteine zu bilden und daraus ihre Zellen aufzubauen. Zwar enthält unsere Atmosphäre 80 Prozent Stickstoff, aber in einer Form, mit der sich so nichts anfangen lässt. Dementsprechend ist er Mangelware.

Die großen Artensterben der Erdgeschichte

Seit rund 500 Millionen Jahren gibt es schätzungsweise höheres Leben auf der Erde, also mehr als nur Bakterien und Pilze. Die meisten Arten tummelten sich im Meer, das warm wie Ursuppe war. Dann muss es sehr schnell sehr kalt geworden sein, Wasser wurde zu Eis, die Meeresspiegel sanken. Die meisten Arten haben das nur als Fossilien überlebt. Als es wieder wirtlicher wurde, entstanden neue Arten, die sich sogar aufs Land wagten: Pflanzen vor allem, die mit ihrer neuen Erfindung – der Fotosynthese – in der kohlenstoffhaltigen Atmosphäre wuchsen und Sauerstoff produzierten, was noch mehr Arten entstehen ließ. Das Meer war out und viele Arten starben dort. Vor 250 Millionen Jahren dann der nächste Einbruch bei den Landbewohnern. Jetzt kamen die ersten Saurier, waren aber nur eine Randerscheinung, inmitten von anderen Tieren und vor allem Pflanzen. Vulkanausbrüche und ein dramatisch sinkender Meeresspiegel brachten dann vielen Arten erneut das Ende. Dann brach die große Zeit der Dinosaurier an – bis ein Meteoriteneinschlag den Himmel verdunkelt haben soll und die Erde abkühlte, sodass die riesigen wechselwarmen Tiere einfach nicht mehr auf Betriebstemperatur kamen und ausstarben. Die genauen Hintergründe sind nur so weit bekannt, wie sich durch Fossilien und Forschungsarbeiten Belege dafür finden. Ob wir in einem sechsten großen Artensterben stecken, wer weiß?

Alle Organismen haben Strategien entwickelt, diesen Luft-Stickstoff in eine körpertaugliche Variante umzuwandeln, irgendwie anders daran zu kommen oder mit wenig zu überleben. Ohne Stickstoff keine Pflanzenstängel, keine Muskeln, kein Gehirn. Gleichzeitig ist Stickstoff ein schreckliches Umweltgift, ungefähr seit Anfang des 20. Jahrhunderts das Haber-Bosch-Verfahren erfunden wurde. Das bezeichnet eine Möglichkeit, pflanzenverfügbaren Stickstoff synthetisch herzustellen. Der sogenannte »Kunstdünger« war in der Welt. Er brachte auf den Feldern Erträge, die man bisher nicht kannte. Aber wenn mehr als nötig gedüngt wird, gelangt ein großer Teil des im überschüssigen Dünger

enthaltenen Stickstoffs ins Grundwasser oder entweicht in die Luft. Mittlerweile ist so viel im Umlauf, dass jeder Lebensraum wie mit der Gießkanne zwangsgedüngt wird. Überall wachsen bestimmte Pflanzen üppiger, sie verdrängen andere Arten, die den Mangel als ihre ökologische Nische gefunden hatten. Wer von diesen Pflanzen abhängt, wie zum Beispiel Falter oder Wildbienen, verschwindet ebenfalls. Und mit ihnen weitere Vertreter des entsprechenden Lebensraums.

Den CO_2-Kreislauf gibt es ebenfalls noch, mit der Klimaerwärmung und dem Treibhauseffekt kommt er inzwischen regelmäßig in den Nachrichten vor.

Über all diese Kreisläufe könnte man jeweils ein eigenes Buch schreiben und dann noch ein Buch darüber, wie sie alle miteinander zusammenhängen. Ganz schön komplex und fast gar nicht komplett zu durchschauen. Wirklich zerstören lassen sich diese Kreisläufe nicht, auf irgendeine Art und Weise werden sie immer weiterlaufen, so wie sie es seit Anbeginn der Zeiten immer getan haben. Wie die Lebensbedingungen dann auf der Erde sein werden, das ist eine andere Frage.

Umso wichtiger ist es, dass möglichst viele Arten weiterhin existieren und versuchen können, sich an die neue Dynamik anzupassen. Weil wir keine Ahnung haben, welche das genau sein könnten, sollten wir versuchen, sorgsam mit allen, allen, allen Arten umzugehen; egal, ob sie uns gefallen, als Nützlinge oder als Schädlinge gelten, lecker schmecken oder einfach lästig und bei Bauvorhaben im Weg sind.

Zu Zeiten der Dinosaurier gab es schon Säugetiere, unscheinbar und als Randerscheinungen. Nach der Katastrophe waren sie die Spezies, die gut in die neue Zeit und in die neue Welt passten. Wer weiß, hätte es damals schon Menschen gegeben, hätten sie vielleicht eher T-Rex und Brontosaurus in den Zoo gesteckt und für sie Schutzgebiete ausgewiesen, die kleinen Felltiere aber bekämpft, damit sie den Dinos nicht in die Quere kämen. Das Sterben der Saurier hätte das nicht aufgehalten, aber die Ausbreitung der Säugetiere vielleicht verhindert. Das wäre doch sehr schade gewesen.

Wildnis versus Naturschutz

Dass es nicht damit getan ist, Naturschutzgebiete einzurichten, um die Artenvielfalt zu retten, können wir am Nahrungsnetz der Wiese deutlich sehen (siehe Seite 39). Weil die Megaherbivoren fehlen, die Wiesen gestaltet haben, als die Natur noch Wildnis war, wird dieser Lebensraum verschwinden, wenn wir ihn einfach sich selbst überlassen, ob die Wiese unter Schutz steht oder nicht. Naturschutzgebiete sind Teil unserer Kultur – nicht Teil der Wildnis –, mit deren Hilfe wir versuchen, eine Momentaufnahme aus Zeit und Raum zu konservieren, ohne dem Lebensraum die Möglichkeit zu geben, sich in seiner eigenen Dynamik zu entwickeln. Deswegen brauchen wir auch echte Wildnis, wo niemand eingreift, wenn die Birke alles verbuscht, die Springkräuter tanzen und die Borkenkäferpopulation dank reichlich Totholzfutter explodiert. Wir brauchen Gebiete, in der die Evolution unter Schutz steht, die zulässt, dass die Natur es alleine richtet. Vor allem braucht es von beidem mehr, Naturschutzgebiete und Wildnis. Gut sechs Prozent Landesfläche als Schutzgebiet hierzulande nützen der Biodiversität wenig, wenn überall sonst umso härter mit der Artenvielfalt und den Nahrungsnetzen umgesprungen wird.

Auf Safari und Polarmeerexpedition: Nahrungsnetze weltweit

Von ausgestorbenen Megaherbivoren und Alpha-Prädatoren habe ich das ein oder andere Mal bereits erzählt. Hierzulande waren es Wollmammuts und Säbelzahnkatzen, auf anderen Kontinenten Beutellöwen, Riesenfaultiere und Große Ameisenbären. In diesem Kapitel schauen wir uns keine Nahrungsnetze an, die schon verzerrt und zerlöchert waren, als der Mensch begann, sich dafür zu interessieren und sie zu erhalten. Denn noch gibt es auf unserem Planeten Lebensräume, wo von den Großen nicht nur versteinerte Fußabdrücke und Knochen übrig sind und die Nahrungsnetze vielleicht noch in einem ursprünglicheren Zustand sind.

Savannen bedecken rund 15 Prozent der Erdoberfläche. Sie gelten als Lebensräume, die von einem Zusammenspiel aus Niederschlag, Sonneneinstrahlung und Bodeneigenschaften geschaffen wurden. Regnet es, wachsen Gehölze gut. Die Kronen der Bäume und Sträucher verschatten die Gräser, ihre weitverzweigten Wurzeln schnappen den anderen Pflanzen das Wasser weg. Regnet es kaum, sind die Gräser stärker, weil sie mit wenig klarkommen und auch einen Buschbrand besser überstehen. Aber Savannen sind weit mehr als ein Tanz von Gräsern und Gehölzen; ohne Tiere wären sie vermutlich gar nicht entstanden. Elefanten zum Beispiel, die Buschwerk klein halten, bevor zu viel davon zu Bäumen wird. Und auch ausgewachsene Bäume werden von ihnen im Zaum gehalten, genauso von Giraffen, die beispielsweise den Schirmakazien die charakteristische Kronenform geben. Nashörner, Antilopen und Gnus mähen eher das Gras.

Fressen und gefressen werden in der Savanne

① Schirmakazie
② Giraffen
③ Elefanten
④ Elefantendung
⑤ Fliegen
⑥ Termiten
⑦ Holz
⑧ Erdferkel
⑨ Gartenrotschwanz
⑩ Löwe
⑪ Hyäne
⑫ Zebra
⑬ Gazelle

1
2
12
13
11
10

Baumeister der Savanne

Termiten sind keine Ameisen: Dass sie Haufen bauen, ist vielleicht die einzige Gemeinsamkeit. Und auch das machen nur einige der weltweit rund 4000 Termitenarten. Aber dafür umso virtuoser. Aus zerkauter Erde und Totholz formen sie feste und stabile Gebäude, die mehrere Meter hoch sein können. Innen ist alles mit Gängen und Schächten verbunden, so kann auch die Luft gut zirkulieren. Es wirkt wie eine natürliche Klimaanlage, und so ist es im Inneren des Haufens für die Termiten immer gut auszuhalten.

Die Hügel bieten Pflanzen einen Wuchsort und Tieren wie Vögeln, Erdmännchen, Antilopen und Geparden einen Revierposten. Wenn die beim Reviersitzen auch gleich den Toilettengang erledigen, fällt auf den Hügel Dünger, noch mehr Pflanzen wachsen noch besser und am Ende wird aus dem Hügel ein kleines Wäldchen und eine wahre Oase in der Savanne. Das Werk der Termiten. Termiten sind in der ökologischen Nische also eher das, was bei uns die Regenwürmer sind. Sie pflügen die trockenen Böden der Savanne um, produzieren Humus, sind wichtig für Struktur, Belüftung, Drainage, Nährstoffverteilung und Fruchtbarkeit. Manche Arten haben Mikroorganismen im Darm, um Zellulose verdauen zu können, andere züchten Pilze auf totem Holz und ernten diese dann ab. Sie selbst sind reichliche Nahrung für Vögel, Ameisen und andere Insekten und große Insektenfresser wie das Erdferkel.

Dabei hat jede der vielen verschiedenen Antilopenarten ihre jeweiligen Vorlieben. Es gibt die eher kleinen und schmalen Gazellenarten, die im offenen Grasland zu Hause sind, mit ihren hellen Farben dafür auch bestens in Tarnoptik gewandet. Manche von ihnen, die Dikdiks zum Beispiel, sind nicht viel größer als unsere Feldhasen und flitzen auf der Flucht vor Fressfeinden auch genauso hakenschlagend durchs Grasland. Andere erinnern von Größe und Gestalt an unsere Rehe. Die größte Antilopenart ist die Elenantilope, sie ist groß wie ein Rind und sehr kräftig. Die wuchtigen Gnus zählen ebenfalls zu den Antilopen, auch sie fressen meist Gras, aber auch Blätter und Zweige.

Antilopen sind Wiederkäuer und können so durchaus auch schwere Pflanzenkost verdauen. Die Elenantilopen fressen Laub und scharren mit den Hufen auch saftige Knollen und Wurzeln aus dem Boden. Deswegen kommen sie lange ohne Wasser klar, zur Not vertragen sie auch brackiges Salzwasser. Die Rappenantilopen dagegen trinken täglich und viel, sie leben und grasen nur in fußläufiger Entfernung zu einer Wasserstelle. Sie haben große geschwungene Hörner, für Revierkämpfe und auch um Feinde in die Flucht zu schlagen. Sogar Löwen und andere Raubkatzen halten sich bei diesen Tieren zurück.

Generell haben große Prädatoren und auch Hyänen aber einen wichtigen Anteil daran, die Savannen als lichte Gras-Baum-Landschaften zu erhalten. Fressen nämlich zu viele Tiere zu viel Grünes, wird das Grasland zur Wüste. Ohne Löwen und Geparden würden sich Zebras, Antilopen, Büffel und Gnus vermehren und verteilen, sie würden die eigenen Nahrungsgrundlagen zerstören und auf der Suche nach dem letzten Halm gleich den ganzen Boden mit, sodass nichts mehr wachsen würde, auch wenn es schnell wieder weniger Zebras und Gnus gäbe.

Löwen fressen außerdem selten das ganze Tier. Die Knochen bleiben oft übrig. Für diese sind die Knochenknacker-Kiefern der Hyänen ausgelegt, die so zusätzlich zur eigenen Beute auch noch die Reste der anderen ratzeputz fressen. Viele weitere Aasfresser tummeln sich noch in den Kadavern. Genauso wie Dunghaufen sind diese kleine Insektenfabriken, an denen sich Vögel und Erdmännchen satt fressen können – oder auch Erdferkel. Dieser afrikanische Ameisenbär steht außerdem auf Ameisen und Termiten.

Auch Vögel schätzen das Insektenangebot, der Gartenrotschwanz zum Beispiel. Dieser kleine Singvogel verbringt den Sommer in unseren Breiten, lebt sehr gerne in den Gärten. Allerdings sollten sie naturnah und abwechslungsreich sein, mit Büschen zum Verstecken und genügend Insekten, Larven, Raupen und Spinnen, die er jagen kann. Im typischen Neubausiedlungs-Garten mit Rasen, Schotter und Kirschlorbeerhecke fühlt er sich weniger wohl. So oder so, im Winter ist es ihm in Mitteleuropa zu karg und zu kalt, die Jagd nach überwinternden

Der Vielfalt einen Riegel vorgeschoben

Die Alpen sind schuld: und zwar daran, dass es in Europa auf demselben Breitengrad weit weniger Arten gibt als in Nordamerika. Ihre hohen Gipfel verlaufen längs der klimatischen Zonen. Kam eine Eiszeit, mussten sich wärmebedürftige Arten nach Süden zurückziehen, um zu überleben. Das geht in der Natur nicht wie in der Bibel mit einer Arche oder wie im Film mit einem Mammuttreck, sondern je nach Art über Samenflug und im Schneckentempo, von Generation zu Generation. Und vor dem Süden ragen eben die Alpen auf – wo es tendenziell noch kälter ist als dort, wo es den Arten zu kalt geworden ist. Viele Arten dürften so ausgestorben sein. Kam die nächste Warmzeit, mussten all die Arten, die es in den Süden geschafft hatten und es nun kühler haben wollten, aus dem Süden wieder über die Alpen, um neu oder wieder in die jetzt bewohnbaren nördlichen Gebiete zu gelangen. Und auch dabei waren die Alpen ein Hindernis. Auf dem nordamerikanischen Kontinent verlaufen die Rocky Mountains und die Appalachen dagegen von Norden nach Süden und bilden bei klimatischen Veränderungen keine Riegel.

Insekten zu mühsam. Seinen Hunger stillt er dann lieber in der Savanne. Dafür nimmt er den langen Zug über die Alpen, das Mittelmeer und die Sahara auf sich. Im Herbst ist dort nach dem Ende der Regenzeit alles auf Produktion gestellt, dann kann sich der Gartenrotschwanz vom Flug erholen und ohne viel Energieaufwand satt fressen.

Gartenrotschwänze sind nicht die einzigen heimischen Vogelarten, die in Afrika eine zweite Heimat haben. Auch Schwalben und Mauersegler gehören dazu; diese sind oft die Ersten, die im Spätsommer aufbrechen. Manche fliegen noch weiter bis zur Südspitze des Kontinents, der Kuckuck oder die Nachtigall zum Beispiel. In den Savannen machen sie aber lange Rast und tanken Energie in Form von Insektenfutter.

Eine Welt ohne Pflanzenfresser wäre kein Paradies für Pflanzen, sondern wird erst dann eines, wenn es auch Giraffen und Gnus sowie Löwen und Geparden gibt.

Bezogen auf die Oberfläche unseres Planeten, bedeckt die Savanne nur einen kleinen Teil. Die weitaus größte Fläche nehmen die Meere ein. Die Erde ist deswegen, vom Weltall aus betrachtet, blau – und faszinierend. Nicht grün und geblümt, auch wenn für eine landbewohnende Naturliebhaberin wie mich Wiesen das allergrößte sind.

Das Meer reicht so tief, wie die Berge hoch sind. Das Meer ist der Ursprung allen Lebens und gleichzeitig ein Lebensraum voller faszinierender Tiere, ein Nahrungsnetz, das – wenn man die Wanderrouten von Walen oder Schildkröten betrachtet – wirklich global, die ganze Welt umspannend, ist. Und es ist im Vergleich zu den Nahrungsnetzen an Land noch weitgehend intakt.

Meer ist nicht gleich Meer. Als Mensch hat man vielleicht als Erstes die Küstengewässer vor Augen, das Watt und den Mangrovenwald, die Fjorde und Badebuchten. Die Tiefen des Marianengrabens kennen dagegen nur Maschinen und einige wenige Menschen in U-Booten.

Ganz unten auf dem Meeresboden ist das Erdgestein, die Kruste, hier lösen sich Mineralien, hier sammeln sich Nährstoffe mit allem, was zu Boden sinkt. Wie im Gartenboden braucht es auch im Meer Destruenten, oft sind es Pilze, zum Recyceln. Und es braucht Strömungen im Wasser, die all das wieder nach oben bringen, näher an die Oberfläche, wo Licht und das meiste Meeresleben ist. Aber auch innerhalb der Ozeane gibt es Kreisläufe: Die Erde dreht sich und verwirbelt so das Wasser, es entstehen Ströme, die warmes Wasser vom Äquator wegfließen lassen. In Richtung Pole angekommen, sinkt es in die Tiefe, anderes Wasser steigt dafür auf. So sind die Weltmeere wie ein riesiges Förderband, nicht nur für Nährstoffe, sondern auch für Wasser und Wärme – so beeinflussen sie das Klima und das Wetter; und Klima und Wetter beeinflussen diese Ströme.

Mögen uns die blauen warmen Tropen paradiesisch vorkommen, das eigentliche Leben tobt in den kalten Regionen, in den Polarmeeren der Arktis im Norden und der Antarktis im Süden. Hier gibt es Strömungen, hier gibt es Nährstoffe und hier gibt es reichlich Plankton.

Fressen und gefressen werden im Ozean

① Fischschwarm
② Krill
③ Mikroben
④ Phytoplankton
⑤ Zooplankton
⑥ Buckelwal
⑦ Walross
⑧ Schwertwal
⑨ Eisbär
⑩ Robbe
⑪ Arktismöwe

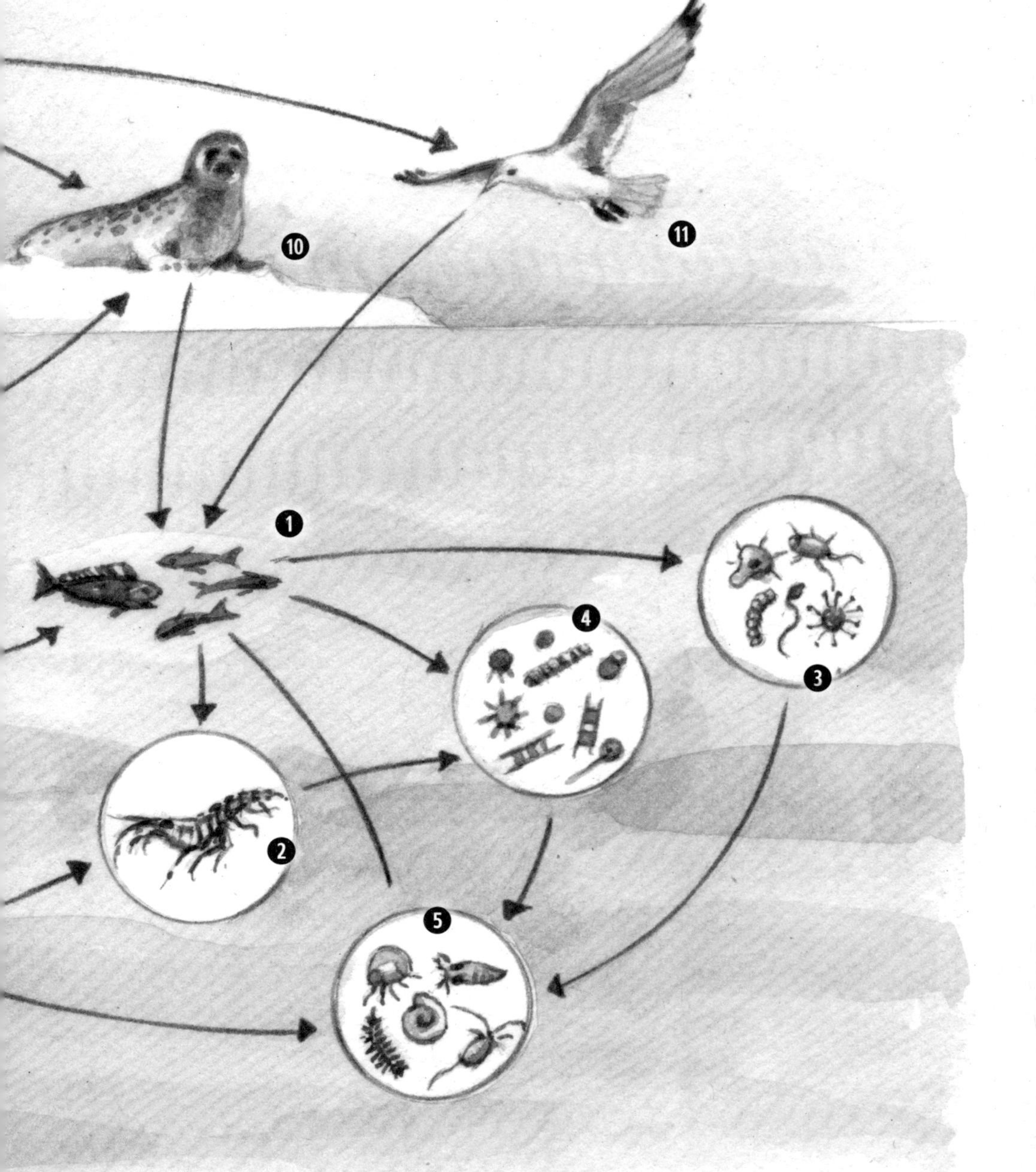

10
11
1
4
3
2
5

Plankton lässt sich unterscheiden in pflanzliches Phytoplankton wie verschiedene Algen und in tierisches Zooplankton wie Rudertierchen, Flohkrebschen und Krill. Krillkrebse sind sehr wichtige Tierarten im Nahrungsnetz des Meeres, millimetergroße Leuchtgarnelchen, die sich selbst effizient von noch kleinerem Plankton ernähren, wo immer sie es finden. Besonders in der Antarktis läuft ohne Krill nichts, es ist für viele größere Tiere das Hauptnahrungsmittel. In der Arktis gibt es nur sehr wenige Arten, das Zooplankton ist hier aus anderen Krebstierchen und Kleinstlebewesen zusammengesetzt und Fische bieten sich in größerer Zahl als Fressen für Möwen, Sardinen, Heringe und andere Schwarmfische an. Die Fische sind dann wieder reichhaltiges Futter für verschiedene Robbenarten, von der kleinen Ringelrobbe bis zum großen Walross.

Robben sind lustig und liebenswert anzusehen, aber sie sind ganz klar Beutegreifer. Seehunde oder Seelöwen heißen nicht nur so, sondern haben das zu ihrem Namen passende Gebiss, und auch Robbenarten mit weniger raubtierhaftem Namen haben scharfe Zähne.

Robben leben nicht nur in der Antarktis, sondern auf der ganzen Welt. Auch bei uns in Nordsee und Ostsee. Seehunde, Ringelrobben und Kegelrobben sind die Arten, die hier mittlerweile wieder vorkommen. Sie waren fast ausgestorben, in erster Linie weil sie massiv gejagt und getötet wurden. Um sie als Fischereikonkurrenz auszuschalten – eine erwachsene Kegelrobbe frisst circa 12 Kilogramm Lachs, Hering und Scholle täglich –, aber auch wegen ihres Fleischs, Fetts und der Felle. Besonders das weiche, weiße Wollfell der Babyrobben war sehr begehrt. Mittlerweile haben sich die Bestände überall in der Nord- und Ostsee erholt, die der Seehunde genauso wie die der Robben. Allein auf Helgoland werden seit einigen Jahren pro Saison mehrere Hundert Robbenbabys geboren. Jedes Mal ist das ein Naturschauspiel und ein touristisches Ereignis – was für die Tiere wieder in Stress ausarten kann. Etwa, wenn die Besucher den Babys Steine oder Muscheln an den Kopf werfen, damit sie aufwachen, oder sich für ein gutes Foto zu nahe an die Tiere heranpirschen. Die Kleinen müssen in wenigen Wochen groß und stark werden und dazu brauchen sie Ruhe; genau wie ihre Mütter, die aus ihrer mit fetten Fischmahlzeiten angefressenen Speckschicht Hochleistungsmilch für die Heuler produzieren.

Die Speckschicht wirkt außerdem wie ein natürlicher Neoprenanzug in der kalten Nordsee. Die gar nicht mal so kalt ist, gemessen an den eisigen Temperaturen im Wasser und auf dem Eis der Antarktis. Aber auch dort leben viele Robbenarten gerne und sehr gut.

Krill aus Kunststoff und Plastik im Meer

Alles landet mal im Meer, über das Wasser der Flüsse und was dieses so alles transportiert. Unter anderem ist das jede Menge Plastik: Tüten, Folien, Einmalbesteck, Coffee-to-go-Becher, Trinkhalme. Viel Plastikmüll stammt auch aus der Fischerei. Abgetriebene oder über Bord geworfene kaputte Netze und Seile zum Beispiel. Schön ist das nicht. Und ziemlich gefährlich. Sie wickeln sich um Hälse, Flossen und Füße der Meerestiere, wer sich verheddert, stirbt oft daran. Wellen, Salzwasser und die starke Sonneneinstrahlung lassen das Plastik schnell in kleine Teile zerfallen, bis hin zu planktonkleinen Mikroplastikstücken, die sich Planktonfresser dann einverleiben. Mikroplastik hat keinen Nährwert und enthält oft schädliche Stoffe, die Tiere hungern und vergiften sich. Über diese Tiere verteilt sich das Plastik dann entlang der vielfältigen Verknüpfungen im ganzen Nahrungsnetz – bis zu Walen, Robben, Möwen und Eisbären. Und via Seafood landet es auch wieder beim Menschen und im Menschen, der übrigens auch sein eigenes Mikroplastik in Umlauf bringt. Kunststoffkleidung gibt in der Waschmaschine beständig kleine Teilchen ab. Auch in Shampoos, Zahnpasta oder Putzmitteln ist oft reichlich Mikroplastik enthalten. Über das Abwasser gelangt es in die Umwelt, denn die meisten Kläranlagen können noch kein Mikroplastik filtern. Auf diesem Weg und mit dem als Dünger genutzten Klärschlamm gelangt es in die Flüsse. Und dann auch ins Meer.

Die antarktischen Weddellrobben fühlen sich in der Kälte so wohl, dass sie dort auch bleiben, wenn im Winter das Eis immer dichter und dicker wird und das Meer zufriert. Mit ihren Reißzähnen halten sie sich Löcher offen, durch die sie dann tauchen und Fisch fangen können. Der Vorteil: Viele andere Tiere machen sich im eisigen Winter auf in wärmere Gefilde und es gibt weniger Nahrungskonkurrenten. Und weniger natürliche Feinde. Robben werden, wenn sie an Land sind, in der Arktis von Eisbären gejagt und gefressen; im Wasser von Orcas.

Die markant schwarz-weiß gemusterten Schwertwale sind die Top-Prädatoren der Meere. Sie leben sehr sozial in Rudeln und jagen im Team, die Beute wird geteilt. Je nach Wohnort in den Weltmeeren haben Orcas ein typisches, jeweils etwas anderes Aussehen: Die weißen Flecken sind größer oder kleiner, der Kopf ist runder oder spitzer, der Körper länger oder kürzer. Und auch das Beuteschema ist jeweils ein anderes. Das hängt aber eher vom Angebot als von bestimmten festgelegten Vorlieben ab. In der Antarktis jagen sie Pinguine, aber auch andere Seevögel. Sie fresse Haie, Thunfisch oder Rochen, aber auch Heringe und Schildkröten; und sogar Wale. Die Jagdtechnik im Rudel macht's möglich und für einen Grauwal oder einen jungen Buckelwal lohnt sich der Aufwand besonders. Ursprünglich gingen Orcas nur in der Antarktis auf Jagd. Aber weil die Eisflächen in der Arktis durch den Klimawandel schmelzen, tummeln sie sich inzwischen auch im nördlichen Polarmeer – und fressen dort den Eisbären die Robben weg.

Die Hinterlassenschaften von all diesem Fressen und Gefressenwerden bieten den Algen und dem Phytoplankton reichlich Nährstoffe zum Wachsen, umso mehr Kleinvieh kann sich davon ernähren. Umso satter werden alle. Allein ein einziger Buckelwal kann sich pro Tag mehr als eine Tonne Zooplankton einverleiben.

Menschen im Nahrungsnetz: je diverser das Leben, desto besser

Wir Menschen sind Lebewesen, die ohne Sauerstoff, Wasser und Licht nicht leben können. Zu heiß oder zu kalt darf es auch nicht sein, als soziale Wesen brauchen wir außerdem andere Menschen zum Zusammenleben. Und Nahrung brauchen wir natürlich ebenfalls. Menschen sind Allesfresser und auch sonst Generalisten, das heißt, sie finden eigentlich immer Nahrung und einen Platz zum Leben. Menschen brauchen keine spezielle Nische, deswegen gibt es uns auch überall, von der Wüste bis hinein ins ewige Eis leben oder lebten Menschen. Eine vom Menschen »unberührte« Natur gibt es nicht, der Mensch ist ein Teil von ihr. Wir sind ein Teil des Ganzen – aber auch die gestaltende Naturgewalt. In einem solchen Ausmaß, dass es im Kleinen wie im Großen auf alle anderen Lebewesen und alle Lebensräume große Auswirken hat.

Wo der Mensch durchzieht, versteckt sich das Wild, ob früher vor Mammutjägern oder heute vor Baumaschinen und Radtouristen. Ein Elch geht dann ein paar Waldquadratmeter weiter, eine Eidechse kommt nicht so schnell so weit. Stress und Energieverlust bedeutet der Rückzug für alle Arten. Unsere hell erleuchteten Städte, Straßen und Grundstücke verändern den Biorhythmus zahlreicher Tiere und Pflanzen, wir verteilen tonnenweise Gift, gegen Insekten im Schlafzimmer und gegen wilde Blumen und Kräuter im Acker und Garten. Einen großen Teil der Pflanzen verwenden wir als Nutzpflanzen. Die Erfindung des Kunstdüngers, mit denen wir sie düngen, hat den Stickstoffkreislauf so verändert, wie noch nie in Milliarden Jahren. Der Mensch höhlt Berge aus, schüttet Inseln auf und holzt Wälder ab, in Dimensionen, die Erdrutsche und andere Naturkatastrophen übertreffen. Wir sind die prägende Naturgewalt eines ganzen erdgeschichtlichen Abschnitts, das von den Forschern demzufolge auch »Anthropozän« (von griechisch *ánthropos* = Mensch) genannt wird – vergleichbar mit Eiszeiten oder anderen geologischen und klimatologischen Maßstäben.

Das wäre vielleicht noch nicht mal so schlimm.

Noch schlimmer ist es, dass wir uns dabei nicht als einen Knoten oder Faden im Netz sehen, sondern als Mittelpunkt. Unser Weltbild ist anthropozentrisch, der Mensch ist Mittelpunkt des Universums. Straßen sind toll, her damit. Mücken und Blattläuse nerven, weg damit. Als gäbe es kein Morgen. Aber so zu tun, als würden wir nur von außen beim Fressen und Gefressenwerden zuschauen und es einzig als Problem der schwindenden Arten sehen, wenn sie weniger zum Fressen finden – das funktioniert nicht. Wir sind Teil des Ganzen. Ein Lebewesen, das isst und nach seinem Tod gefressen wird, das lebt und leben lässt. Wir sind abhängig von bestimmten ökologischen Lieferketten, damit wir uns als Krone der Schöpfung behaupten können.

Dass es ein Morgen geben wird, steht relativ fest. Wie es dann auf der Erde aussieht, nicht. Es geht immer weiter, die Dynamik spielt sich immer wieder ein, nach jeder Eiszeit, Heißzeit oder nach einem Meteoriteneinschlag. Als neues System, in dem sich Energie und Nährstoffe in einem Kreislauf befinden, aber mit neuen Arten, neuen Netzen. Möglicherweise ohne Menschen.

Das noch aufzuhalten, die Welt zu retten, die Biodiversität zu erhalten, klingt nach einer Mammutaufgabe für Superman und Wonderwoman zusammen. Den Welthandel neu ordnen, globalen – und wirksamen – Klimaschutz beschließen und umsetzen, unbekannte Arten retten, hochkomplexe Nahrungsnetze flicken – wie soll ein einzelner Mensch das schaffen? Die ganze Welt zu retten, ist nicht unser Job. Es sei denn, wir wären Bundeskanzlerin, WTO-Vorsitzende oder CEO bei Bayer. Im Kleinen lässt sich dennoch viel bewegen und Einfluss nehmen.

Jeder landwirtschaftliche Betrieb, der einen breiten Streifen zwischen Acker und Wiese, Wald, Weg oder Bächlein wild wachsen lässt; jede

Stadtverwaltung, die nicht nach Dienstplan mähen lässt oder sich von einem veralteten Ordnungskonzept verabschiedet; jeder Hausmeister, der den Laubsauger stehen und das Laub liegen lässt; jeder Mensch, der zur Laichzeit Kröten übers Wasser trägt und der enkeltauglich gärtnert, leistet einen kleinen Beitrag für die Biodiversität. So wie viele kleine Steinchen, die ins Wasser fallen, am Ende mehr Wellen und Bewegung bringen als ein großer Stein.

Und wenn man das Thema Biodiversität aus dem Blickwinkel dieses Buches betrachtet, ist es leichter, sie zu fördern und zu erhalten. Wir können unseren Einfluss mit Augenmaß nutzen und versuchen, die Nahrungsnetze so wenig wie möglich zu stören. Ganz am Anfang haben Sie das schon mal gelesen. Und ich hoffe, jetzt am Ende, haben Sie auch ein Gefühl dafür, wie hilfreich es ist, in Nahrungsnetzen zu denken: die weitgehend von alleine arbeiten und gar nicht so viele Eingriffe nötig machen, wie wir Menschen landläufig denken. Weil nichts und niemand beschützt werden muss oder davor bewahrt werden muss, gefressen zu werden. Blumen nicht vor Blattläusen, Rosen nicht vor Rehen, die Maus nicht vor dem Wiesel. Mein Rotkehlchen nicht vor dem Sperber. Was beschützt und bewahrt werden muss, ist die Möglichkeit, dass wir alles und alle leben lassen, damit sie genau das tun können: fressen und gefressen werden.

Und zwar wirklich: alles.

Am Anfang habe ich Ihnen eine Geschichte erzählt, von meinem Rotkehlchen und dem Sperber. In Wirklichkeit ist die ein bisschen anders abgelaufen. Mein erster Gedanke, als die Federn flogen, war nämlich nicht: »Ach, schade. Aber so ist das Leben.« Sondern: »Hätte der Sperber sich lieber eine von den Ratten gepackt!« Die sind nicht ganz sein Beuteschema, aber davon mal abgesehen, wäre mir dieses Szenario sehr viel lieber gewesen. Corona und der dadurch veränderte Alltag hat in meinem Heimatort Ratten aus den Hinterhöfen der Restaurants und Kantinen zu den Privatgrundstücken umziehen lassen. Wegen Homeschooling und Homeoffice wurde dort mehr gekocht, gegessen, bestellt und auch weggeworfen. Auch bei uns. Früher habe ich hin und wieder im Garten oder an den Mülltonnen ab und an eine Ratte getroffen, aber eine fünfköpfige Familie bei helllichtem Tag unterm Vogelhäuschen Futterknödel schnurpsend – das noch nicht. Viel näher ans Haus kamen sie nicht, Hund und Katze sind sehr überzeugend darin, die Einhaltung eines Mindestabstands zu vermitteln, genauso spielende Kinder und Menschen mit Gartengeräten. Als das Frühjahr kam, verschwand die Rattenfamilie schnell wieder im Hintergrund und ward nicht mehr gesehen.

Aber das Thema Ratten, das ist eines, wo es »aufhört« mit dem Artenschutzspaß. Das hat Gründe, von denen viele im Reich der Legenden liegen, aber mit wahrem Kern. Ratten sind wie andere Wildtiere, Vögel und Mäuse theoretisch Krankheitsüberträger. Praktisch passiert das aber hier und heute ganz, ganz selten. Kein Grund, Panik zu bekommen, eigentlich. Was aber dennoch regelmäßig passiert, auch der explosionsartigen Vermehrung wegen. Es dauert nur ein paar Wochen, bis die kleinen Ratten erwachsen sind und selbst Kinder bekommen, so wird hochgerechnet, was theoretisch möglich wäre: Ein Rattenpaar könne Tausende von Nachkommen bekommen in einem Jahr. Praktisch passiert das kaum. Die Menge an Fressen müsste sich ebenfalls verhundertfachen, die der potenziellen Wohnungen ebenso. Das klappt selten. Schon gar nicht in einem Stadtgarten wie meinem. Da gibt es vielleicht zwei, drei Plätze, die sich als warmes Nest für Rattenkinder eignen; und wenn die besetzt sind, sind sie besetzt. Wenn das winterlich üppige Vogelfüttern aufhört, wird kaum satt, wer schon da ist. Vom Nahrungsnetz aus betrachtet, sollten viele Ratten auch von vielen anderen gefressen werden. Von Katzen, Füchsen, Mardern, Schleiereulen und Steinkäuzchen; aber natürlich immer ein bisschen zeitversetzt. Ideal wäre es also, kleine Rattenräuber in der Nähe zu haben und das zu fördern.

Allerdings ist genau das ein Problem. Beim Thema Ratten bricht Panik aus – und es wird Gift verteilt. Rodentizide, so heißen die Gifte gegen Ratten und Mäuse, wirken meist blutgerinnungshemmend und die Tiere verbluten nach ein paar Tagen. Was man als Privatmensch »einfach so« kaufen und verteilen darf, ist schwach dosiert und oft kaum wirk-

sam, Ratten sind mittlerweile immun. Andere Tiere allerdings nicht. Rattengift ist nicht nur für Ratten giftig, sondern auch für alle anderen Tiere, die entweder direkt an den Ködern fressen oder die mit Antikoagulanzien vergifteten Ratten. Vögel zum Beispiel, die wie Elster und Krähen Aas fressen, Insekten, die sich in Aas entwickeln, Schwebfliegenlarven, Totengräber oder Laufkäfer auch. Und Mäusebussarde oder Eulen und Wiesel – unter anderem sind das die natürlichen Feinde der Ratten, was das »Problem« auf lange Sicht tragischerweise verstärkt. Denn ohne Prädatoren vermehren sich die Ratten tatsächlich stärker, was die schlichte Regel von Herrn Lotka und Herrn Volterra (siehe Seite 19) schnell bestätigt.

Und warum nicht noch mehr Wildnis wagen? Wäre der Wald wieder Wald, in dem Wölfe in Ruhe ihre Arbeit tun – die nebenbei nachdrücklicher als Hinweise von Rangern oder aufgestellte Schilder dafür sorgen würden, dass foto- und naturhungrige Wanderer auf den Wegen blieben –, würden die Wölfe vielleicht die Füchse aus dem Wald treiben, durch Nahrungskonkurrenz, die sich dann der Ratten und Mäuse in den Städten und Siedlungsbereichen annehmen könnten. Gegen die weniger Gift verteilt werden würde, weniger Bussarde und Käuzchen kämen zu Schaden. Und je mehr Steinkäuze im Siedlungsbereich, desto weniger Ratten gäbe es dort.

Das ist utopisch. Oder: Kulturnatur für sehr, sehr Fortgeschrittene.

Es lohnt sich, das auszuprobieren. Ratten und Schnecken gibt es in jedem Garten. Egal, wie sehr uns das ärgert, und egal, wie rigoros wir sie bekämpfen. Wer glaubt, dass die Welt da draußen voller Übel ist, dass

Ratten und Schnecken und Blattläuse immer mehr werden, wenn man locker lässt, und die Naturgefahren weit gefährlicher sind, als die naiven Naturschützer, Klimarebellen und Öko-Romantiker es wahrhaben wollen, bekommt genau das auch bestätigt.

Wer sich darauf einlässt, anzuerkennen, dass auch beim Thema Biodiversität die Erde eine Kugel ist oder besser gesagt ein logisches, biologisches Netzwerk, und wer nicht nur anthropozentrisch denkt, sondern ökozentrisch, und nicht gegen die Nahrungsnetze arbeitet, sondern mit ihnen, der hat nicht mehr Ratten, vielleicht sogar weniger. Und ein deutlich schöneres Leben.

Ich schreibe nicht nur Bücher, sondern ich fotografiere auch viel, meist Blumen und Insekten, manches veröffentliche ich auch zum Beispiel bei instagram unter @kraut_und_buecher. Oft lese ich dann in den Kommentaren: »Oh, ein Maikäfer, Totengräber, Zitronenfalter, fliegende Ameisen und Hornissen – die habe ich schon ewig nicht mehr gesehen.« Das macht mich traurig. Und gleichzeitig sehr froh, denn dass ich all diese Fotos machen kann, ist für mich ein Zeichen, dass es in meinem Garten mit den Nahrungsnetzen funktioniert. Die meisten Fotos entstehen in der Kaffeepause in meinem Garten. Der ist nicht groß, hat vielleicht 200 m^2. Ich betreibe noch nicht mal aktiv besondere Naturschutzmaßnahmen. Ich überlasse ihn weitgehend sich selbst und all den großen und kleinen Lebewesen, die ihn gerne als Lebensraum nutzen mögen. Und ich versuche, nicht aktiv im Nahrungsnetz herumzuschnippeln. Sondern ich liege in der Hängematte und direkt vor meinen Augen bringt sich eine Veränderliche Krabbenspinne in ihrer Wohn-Margerite in Jagdposition. Als Wind aufkommt und ihre Blüte wie wild schwankt, springt sie vom Blütenrand und seilt sich am glitzernden Faden nach unten ab, ins ruhigere Blätterwerk, um dann dort nach einem leckeren Happen Ausschau zu halten.

Wie im Film. Oder im Märchen. Nur in echt, im Nahrungsnetz in meinem Garten.

Die Autorin

Sigrid Tinz ist freie Journalistin, Autorin und Referentin für Umwelt-, Natur- und Gartenthemen. Die Geoökologin lebte mit ihren vier Kindern und der Katzendame Miezi lange im Münsterland und wohnt nun in Hannover. Ökologische Zusammenhänge zu vermitteln und Lebensräume der heimischen Tier- und Pflanzenwelt zu fördern und zu schützen, liegen ihr am Herzen. Sowohl beruflich als auch privat. Ihre liebste Freizeitbeschäftigung aktuell: Den Großstadtgarten im neuen Zuhause aus dem Schotter-Rasen-Dasein zu befreien und in ein funktionierendes Nahrungsnetzwerk zurückzuverwandeln.

Von Sigrid Tinz sind im pala-verlag bereits erschienen:

- Selbst ist die Pflanze
- Haufenweise Lebensräume
- Friede den Maulwürfen!
- Enkeltauglich gärtnern
- Der Friedhof lebt!

Anhang

Zum Weiterlesen

Ulrike Aufderheide: **Schöne Wege im Naturgarten.** Wege, Plätze und Einfahrten als Lebensräume, pala-verlag

Ulrike Aufderheide: **Tiere pflanzen.** Faszinierende Partnerschaften zwischen Tieren und Pflanzen, pala-verlag

Axel Don, Roland Prietz: **Unsere Böden entdecken.** Die verborgene Vielfalt unter Feldern und Wiesen, Springer Verlag

Frauke Fischer, Hilke Oberhansberg: **Was hat die Mücke je für uns getan?** Endlich verstehen, was biologische Vielfalt für unser Leben bedeutet, oekom verlag

Farina Graßmann: **Wunderwelt Totholz.** Unterwegs im Lebensraum von Waldkauz, Hirschkäfer und Holunderschwamm, pala-verlag

Jan Haft: **Heimat Natur.** Eine Entdeckungsreise durch unsere schönsten Lebensräume von den Alpen bis zur See, Penguin Verlag

Christine Korsgaard: **Tiere wie wir**. Warum wir moralische Pflichten gegenüber Tieren haben, Verlag C.H. Beck

Sigrid Tinz: **Der Friedhof lebt!** Orte für Artenvielfalt, Naturschutz und Begegnung, pala-verlag

Sigrid Tinz: **Friede den Maulwürfen.** Bösewichte und Plagen im Garten – und wie wir mit ihnen klarkommen, pala-verlag

Sigrid Tinz: **Haufenweise Lebensräume.** Ein Lob der Unordnung im Garten, pala-verlag

Uwe Westphal: **Hecken – Lebensräume in Garten und Landschaft.** Ökologie, Artenvielfalt, Praxis, pala-verlag

Peter Wohlleben: **Kranichflug und Blumenuhr.** Naturphänomene im Garten beobachten, verstehen und nutzen, pala-verlag

Zum Weitersehen

Anthropozän – Naturgewalt Mensch
(Dokumentarfilm von Jens Monath, ZDF 2020, zum Streamen)

Die Wiese. Ein Paradies nebenan
(Film von Jan Haft, 2019, auf DVD oder zum Streamen)

Sex, lies and butterflies
(Film über das wundervolle Leben der Schmetterlinge, DVD)

Das geheime Leben der Bäume
(Film mit Peter Wohlleben, als DVD oder zum Streamen)

Festmahl der Tiere
(Film über das Fressen und Gefressenwerden von Daniela Pulverer und Boris Raim, Dokumentation, BR/Arte 2020, zum Streamen)

Die Moldau – Der goldene Fluss
(Film von Angelika Sigl über die besondere Natur an den Ufern der Moldau, ZDF/Arte 2020, zum Streamen)

Nahrungsnetze im Netz

www.deutschewildtierstiftung.de
Neben vielen allgemeinen Informationen über das Leben heimischer Wildtiere gibt es hier für eine große Zahl von ihnen einzelne Steckbriefe. Hier kann man nachlesen, wer wo lebt, wer wen frisst und von wem gefressen wird.

www.bmu.de/themen/natur-biologische-vielfalt-arten/naturschutz-biologische-vielfalt/wildnis
Zahlreiche Informationen, als Text, Broschüre oder Filmclips über Wildnis und wie und warum sie zu schützen ist. Zum gleichen Thema informiert anschaulich und ausführlich auch die Seite **www.wildnisindeutschland.de.**

www.spektrum.de
Aktuelle Informationen aus der Forschung über Lebensräume und Lebensnetze – neben allen möglichen anderen Themen aus den Naturwissenschaften.

www.bfn.de/themen/rote-liste.html
Beim Bundesamt für Naturschutz BfN gibt es alle Roten Listen der Arten und auch der Lebensräume.

www.buergerschaffenwissen.de/projekte
Eine Auflistung zahlreicher Möglichkeiten mitzumachen, beim Schützen, Erfassen und Erforschen. Wer einen Kleinspecht oder einen Gartenschläfer entdeckt, kann es beim jeweiligen Projekt melden. Man kann Igel zählen, Amphibien suchen und Vögel beobachten – beim Fressen und Gefressenwerden, beim Leben und Lebenlassen.

www.naturgarten.org
Auf der Seite des Naturgarten e. V. finden alle, die sich für mehr biologische Vielfalt im besiedelten Raum, insbesondere für die Gestaltung von naturnahen Gärten und Grünflächen, einsetzen möchten, hilfreiche Informationen, Filme und Adressen.

www.naturgucker.de
Eine Internetplattform, um jeweils eigene Naturbeobachtungen von Insekten, Vögeln, Blumen und Bäumen zu dokumentieren. Wer mag, stellt die Listen anderen Teilnehmenden zur Verfügung, unter anderem sind auch Forschungseinrichtungen und Umweltverbände dabei. Alle können sich austauschen und beim Bestimmen helfen.

Glossar

Aasfresser sind Tiere, die sich hauptsächlich oder teilweise von anderen Tieren ernähren – von toten Tieren. Es gibt reine Aasfresser wie die Geier, die niemals selbst jagen. Andere wie Adler oder Füchse fressen sowohl selbst getötete als auch tot aufgefundene Tiere, je nach Angebot. Mäusebussarde zum Beispiel haben sich mancherorts ganz auf tierische Autounfallopfer spezialisiert. Ganz grob und je nach Schätzung sterben rund 50 Prozent aller Tiere nicht durch den Biss eines Beutegreifers, sondern an Hunger, Durst, Krankheiten, Parasiten, Unfällen, manche sogar auch an Altersschwäche. Und die müssen ja auch weg. Nicht nur Vögel oder Säugetiere fressen gerne Aas, auch viele Insekten sind darauf spezialisiert, beispielsweise Käfer wie der Totengräber oder Aasfliegen wie die Schmeißfliege. In den meisten Fällen fressen deren Larven das tote Tier mehr oder weniger auf. Was dann noch übrig ist, wird von Pilzen und Bakterien und anderen Mikroorganismen in kleinste Bestandteile zerlegt. Die nennt man dann aber nicht mehr Aasfresser, sondern → *Destruenten.*

Allesfresser, auch Omnivoren genannt, fressen wirklich alles. Fleisch und Früchte, Nüsse und Insekten, Eier oder Aas und Abfall, je nachdem, was der Lebensraum und die Jahreszeit zu bieten haben. Schweine, Bären, Ratten, Füchse, viele Vögel, manche Insekten und auch der Mensch sind Allesfresser.

Anthropozän: Geologen haben für die verschiedenen Erdzeitalter bestimmte Begriffe, das aktuelle ist das Holozän oder auch Nacheiszeitalter. Im Holozän und in all den Erdjahrmillionen davor war die Natur die Gestaltungsmacht, mit Erdbeben, riesigen Gletschern, Vulkanausbrüchen, Waldbränden. Seit einigen Hundert Jahren, auf jeden Fall aber seit dem letzten Jahrhundert, versetzt auch der Mensch Berge: verteilt Beton und Asphalt oder Plastik auf der Erdoberfläche, produziert radioaktive Stoffe, verfeuert gespeichertes CO_2 in solchen Mengen, dass daraus eine Warmzeit folgt. Seit einigen Jahrzehnten wird in der Wissenschaft deshalb der Begriff »Anthropozän« diskutiert. Es ist kein offizieller geologischer Begriff, denn auch der Mensch ist ja ein Teil der Natur, genau wie ein Vulkan. Aber diese Bezeichnung macht sehr anschaulich, was hier und heute auf unserem Planeten geschieht.

Artensterben: Arten entstehen, Arten vergehen. So ist die Evolution, Anpassung ist ein Dauerzustand. Massenartensterben dagegen sind die großen Ausnahmen. Die Wissenschaft geht von fünf großen Massenaussterbeereignissen in der Erdgeschichte aus, das Letzte ist das Ende der Dinosaurier und anderer Tierarten, die vor 65 Millionen Jahren lebten. Ob wir mitten in einem sechsten großen Artensterben stecken, steht noch nicht fest, aber vieles deutet darauf hin: Geschätzt ist die Aussterberate gegenüber der normalen Rate um 100 bis 1000 Mal erhöht.

Biodiversität: Erstens ist damit die Artenvielfalt gemeint. Also dass es ganz viele verschiedene Arten gibt und davon dann auch wieder viele verschiedene Unterarten. Innerhalb einer Art ist Vielfalt ebenfalls wichtig, das nennt man → *genetische Vielfalt* und ist der zweite Teil der Biodiversität. Drittens gehört auch die Vielfalt der Lebensräume dazu. Je vielseitiger diese sind, desto mehr verschiedene Arten finden ein passendes Plätzchen. Alle drei Biodiversitätsaspekte hängen zusammen und beeinflussen sich gegenseitig. Verkleinert sich zum Beispiel für eine Tierart der Lebensraum, können weniger Tiere darin leben, die genetische Vielfalt ihrer Art nimmt ab. Die Tiere werden anfälliger für Krankheiten und die Tierart verschwindet vielleicht ganz. Damit verschwinden auch Arten, die sich von dieser Art ernährt haben. Diese Arten können dann keinen Einfluss mehr auf ihren Lebensraum nehmen. Der Lebensraum wird gleichförmiger und weniger Arten finden einen Rückzugsort. Alles verstärkt sich gegenseitig. Genauso komplex kann es sich auch in die andere Richtung entwickeln. Je naturnäher und vielseitiger ein Garten zum Beispiel ist, desto mehr Arten haben Platz, die aufeinander und auf ihren Lebensraum Einfluss nehmen. Und umso höher wird die Biodiversität.

Biomasse: Als Biomasse wird die Menge der organischen Stoffe von Lebewesen oder deren Körperteilen bezeichnet. Es ist aber kein feststehender Begriff, und man kann sie schlecht messen. Denn die Biomasse verändert sich ständig, weil alle Lebewesen untereinander und miteinander und mit ihrem Lebensraum in Verbindung stehen. Den größten Anteil machen lebende und abgestorbene Pflanzen aus.

Bodenleben wird auch »Edaphon« genannt. Es umfasst Bakterien, Pilze, Einzeller, Fadenwürmer, Springschwänze, Asseln oder Regenwürmer. In einem Hektar artenreichem Waldboden können die Tierchen ein Gesamtgewicht von 25 Tonnen erreichen, in genutztem Ackerland existieren weit weniger Lebewesen, durchschnittlich nur ein bis vier Tonnen.

Destruenten bauen organische Substanzen zu anorganischen Stoffen ab und stellen sie dann dem → *Stoffkreislauf* wieder zur Verfügung. Meist sind es Bakterien und Pilze. Sie zerlegen alles, was nicht direkt gefressen wird, tote Pflanzen, Hinterlassenschaften der Konsumenten oder auch der an Altersschwäche gestorbenen → *Top-Beutegreifer,* in deren Bestandteile. Sie sorgen so dafür, dass die Produzenten wieder Nährstoffe haben, um neue Biomasse zu produzieren.

Fleischfresser, auch »Carnivoren« genannt, sind Lebewesen, die sich hauptsächlich oder ausschließlich von Tierischem ernähren. Fleischfresser lassen sich nicht immer klar von → *Aasfressern* unterscheiden. Es handelt sich um eine sehr weit gefasste Gruppe von Tieren – und Pilzen und sogar einzelnen Pflanzen. Haie und Wale gehören dazu, Sperber und Krokodile, Wölfe und Wolfsspinnen, Schlangen, Spitzmäuse und Laufkäfer. Viele → *Beutegreifer* sind Fleischfresser – aber nicht alle, Bären zum Beispiel sind → *Allesfresser.* Und nicht alle Fleischfresser sind Beutegreifer.

Fotosynthese vollzieht sich in den Zellen von grünen Pflanzenteilen, in Algen oder bei einigen Bakterienarten: Der grüne Farbstoff Chlorophyll wandelt die Energie des Sonnenlichts mit Wasser und Kohlendioxid in Zucker und Sauerstoff um. Den Zucker brauchen die Pflanzen für den Aufbau von Holz, Blättern, Blüten, Früchten und Wurzeln. Der Sauerstoff ist für die Pflanzen mehr oder weniger Abfall, für den Rest der Lebewesen ist er lebenswichtig. Erst durch die Fotosynthese ist auf unserem Planeten die Atmosphäre entstanden und damit überhaupt die Möglichkeit, dass tierische Lebewesen und auch wir Menschen dort leben können.

Genetische Vielfalt ist ein Teil der → *Biodiversität.* Gemeint ist damit, dass bei einer Tierart die einzelnen Individuen ganz unterschiedliche Eigenschaften und Erbinformationen haben. Durch die Paarung werden die unterschiedlichen Gene immer wieder neu kombiniert. So können sich Arten schnell an veränderte Lebensraumbedingungen anpassen oder gegen Krankheiten oder Parasiten widerstandsfähig werden.

Herbivoren heißt übersetzt »Pflanzenfresser«. Dazu zählen Kühe, Rehe, Feldhasen, Schmetterlinge – die Bandbreite ist groß, mit der Gemeinsamkeit, dass sie alle keine Produkte tierischen Ursprungs zu sich nehmen und verdauen. Je kleiner ein Pflanzenfresser, desto spezialisierter ist er oft auf eine bestimmte Pflanzenart. Insekten sind häufig auf eine bestimmte Pflanze angewiesen, für ihre Larven oder um Nektar zu saugen.

Insektenfresser gehören zwar im weitesten Sinne zu den Fleischfressern. Echte → *Fleischfresser* ernähren sich von Fleisch, Fett und Innereien selbst erlegter Vögel oder Säugetiere. Insektenfresser leben dagegen von Insekten, Würmern oder Schnecken. Insektenfresser wie Kröten oder Vögel sind meist kleiner als Fleischfresser. Auch fleischfressende Pflanzen sind in der Regel insektenfressend.

Konsumenten: Lebewesen, die sich von anderen Lebewesen ernähren, heißen Konsumenten oder Verbraucher. Sie konsumieren die → *Biomasse* anderer Organismen, um daraus Energie für ihre eigenen Vitalfunktionen und für Wachstum und Fortpflanzung zu gewinnen. Je nachdem, von was genau sich ein Konsument ernährt, wird er als Pflanzenfresser oder → *Fleischfresser,* → *Allesfresser* oder → *Insektenfresser* bezeichnet. Pflanzenfresser sind Primärkonsumenten – denn Pflanzen sind → *Produzenten.* Wer Pflanzen frisst, ist der erste Konsument in der Abfolge. Wer einen Pflanzenfresser frisst, ist Sekundärkonsument und so weiter.

Megaherbivoren: Mit dem Begriff sind große Pflanzenfresser gemeint, je nach Denkschule solche ab einem Gewicht von 50 oder erst ab 1000 Kilogramm. Dementsprechend zählen mal Hirsche, Rinder und Pferde dazu, manchmal nur Elefanten oder Nashörner – und sehr viele Arten, die es nicht mehr gibt: Mammuts oder Auerochsen zum Beispiel. Interessanter noch ist die Megaherbivoren-Hypothese. Sie ist weder belegt noch widerlegt, aber die Kernaussage ist ein passendes Gedankenmodell, um Nahrungsnetze zu verstehen: Demnach beeinflussen große Pflanzenfresser die Vegetation, das Landschaftsbild und damit auch die tierischen Bewohner in ihrem Lebensraum. So kann man vermuten, dass beispielsweise Wollnashörner, Mammuts, Auerochsen und Wildpferde in Mitteleuropa offene parkartige Weidelandschaften mit einer großen biologischen Vielfalt geschaffen hatten, so wie es heute noch in Afrika in der Savanne der Fall ist. Nur dort gibt es noch Megaherbivoren. Weil die Megaherbivoren hier in Mitteleuropa verschwanden, konnte sich dichter Wald bilden.

Mikrobiom: Der Begriff »Mikrobiom« umfasst die Gesamtheit der Mikroorganismen, die unseren Planeten besiedeln, von der Tiefsee bis zur Bergspitze, von der Wüste bis zum Wald. Und auch auf und in jedem einzelnen Lebewesen siedeln jede Menge dieser kleinen Wesen; zum Beispiel wäre ohne Darmbakterien unsere Verdauung gar nicht möglich und unser Immunsystem unterentwickelt.

Nahrungskette, Nahrungsnetz: Die Abfolge der Konsumenten lässt sich als Kette sehen. Pflanzen werden von kleinen Tieren gefressen, diese dann von großen Tieren. Das geht allerdings meist nur auf dem Papier so stringent. In der ökologischen Realität sind diese Nahrungsbeziehungen weit komplexer, da ein Lebewesen mehrere Fressfeinde hat und sich auch von unterschiedlichen Tieren und Pflanzen ernährt. Die Ketten verbinden sich kreuz und quer, und aus der Nahrungskette wird ein Nahrungsnetz, ohne Anfangs- und Endpunkt – das außerdem erst dann vollständig ist, wenn nicht nur → *Produzenten* und → *Konsumenten* berücksichtigt werden, sondern auch → *Destruenten*. Es ist also nicht nur ein Netz, sondern auch ein → *Stoffkreislauf*.

Prädator, Beutegreifer, Raubtier: Nicht ganz trennscharf definierte Termini, mit denen meist ein Tier gemeint ist, das ein anderes Tier erbeutet, tötet und frisst. Die umgangssprachlichen Begriffe »Raubtier« oder »Raubvogel« sind mittlerweile verpönt. Man kann auch Fressfeind sagen, das schließt aber dann durchaus auch pflanzliche Lebewesen ein, die ja nicht gejagt, aber doch gefressen werden. Das gejagte Tier ist die Beute, bei Pflanzen sagt man Futterpflanze.

Produzenten: Pflanzen wachsen von alleine, sie brauchen lediglich Licht, Kohlendioxid und einige Nährstoffe, aber keine Nahrung im eigentlichen Sinne, um zu wachsen und organische Stoffe wie Zucker zu produzieren. Ihre Energie produzieren sie selbst, via → *Fotosynthese*. Pflanzen – und auch Algen und verschiedene Bakterien – sind Produzenten, sie produzieren Biomasse, die wiederum Nahrungsgrundlage für Konsumenten ist.

Stoffkreislauf: Dieser Begriff umfasst den Kreislauf des Lebens und das, was → *Produzenten*, → *Konsumenten* und → *Destruenten* machen. Algen, Blumen und Bäume produzieren via Fotosynthese organisches Material. Pflanzenfresser konsumieren dieses, produzieren ihre eigene Biomasse und werden dann wiederum von fleischfressenden Arten konsumiert. Wenn sie sterben, entsteht totes organisches Material. Das wird von Destruenten zerlegt und in anorganische Stoffe abgebaut. Diese sind dann wieder die Ausgangstoffe für Pflanzen, um mithilfe der → *Fotosynthese* neue → *Biomasse* produzieren zu können.

Trophie: Ganz weit gefasst ist damit die Position einer Art in einer Nahrungspyramide gemeint. Ganz unten stehen die pflanzlichen Primärproduzenten, dann geht es bis hin zum fleischfressenden → *Beutegreifer* als Endkonsumenten immer eine Trophiestufe nach oben. Je höher die Trophiestufe ist, desto größer ist in der Regel der Lebensraum, den ein Lebewesen braucht, um genug Fressen zu finden, und desto weniger spezialisiert sind die Tiere bei der Nahrungsauswahl. Trotz der aufgefädelten Abfolge hat jede Stufe auf alle anderen Stufen einen Einfluss. In einer Kettenreaktion kann auch ein → *Fleischfresser* die Primärproduktion der Pflanzen beeinflussen. Steigt zum Beispiel die Menge der Beutegreifer in einem Ökosystem, sagen wir Wölfe im Wald, dann sinkt die Zahl der Pflanzenfresser-Arten, die jungen Bäumen die Triebe abknipsen und die Rinden abschälen. Dadurch verändert sich der Lebensraum, der Wald wächst dichter. Werden die Wölfe weniger, steigt die Zahl der Rehe und der anderen Pflanzenfresser. Mehr junge Bäume werden nun gefressen, der Wald wird wieder lichter.

Brigitte Kleinod/Friedhelm Strickler:
Schön wild!
ISBN: 978-3-89566-367-3

Sigrid Tinz:
Haufenweise Lebensräume
ISBN: 978-3-89566-389-5

Ulrike Aufderheide:
Tiere pflanzen
ISBN: 978-3-89566-388-8

Michael Altmoos:
Besonders: Schmetterlinge
ISBN: 978-3-89566-408-3

Natalie Faßmann:
Auf gute Nachbarschaft
ISBN: 978-3-89566-257-7

Agnes Pahler:
Das Kompostbuch
ISBN: 978-3-89566-315-4

Andrea Preißler-Abou El Fadil:
Gärtnern nach dem Terra-Preta-Prinzip
ISBN: 978-3-89566-376-5

Sigrid Tinz:
Enkeltauglich gärtnern
ISBN: 978-3-89566-399-4

Bäume und Sträucher pflegen

Uwe Westphal:
Hecken – Lebensräume in Garten und Landschaft
ISBN: 978-3-89566-296-6

Peter Wohlleben:
Bäume verstehen
ISBN: 978-3-89566-365-9

Ulrike Aufderheide:
Der sanfte Schnitt
ISBN: 978-3-89566-320-8

Christof Sandt:
Kleine Anleitung zum Gehölzschnitt
ISBN: 978-3-89566-398-7

Farina Graßmann:
Wunderwelt Totholz
ISBN: 978-3-89566-401-4

Werner David:
Fertig zum Einzug: Nisthilfen für Wildbienen
ISBN: 978-3-89566-358-1

Uwe Westphal:
Das große Buch der Gartenvögel
ISBN: 978-3-89566-375-8

Dirk A. Diehl:
Ein Garten für Fledermäuse
ISBN: 978-3-89566-311-6

Gesamtverzeichnis bei: pala-verlag gmbh,
Am Molkenbrunnen 4, 64287 Darmstadt, www.pala-verlag.de

ISBN: 978-3-89566-417-5
© 2022: pala-verlag,
Am Molkenbrunnen 4, 64287 Darmstadt
www.pala-verlag.de
Alle Rechte vorbehalten

Umschlag- und Innenillustrationen: Margret Schneevoigt

Lektorat: Barbara Reis

Satz und Gestaltung:
Die Werkstatt-Medien Produktion GmbH, Göttingen
www.werkstatt-produktion.de

Druck und Bindung:
Beltz Grafische Betriebe GmbH, Bad Langensalza
www.beltz-grafische-betriebe.de
Printed in Germany

Gedruckt auf
100% Recyclingpapier